Allgemeines Lehrbuch.

Erste Abtheilung

Physische Erdbeschreibung.

Von

Dr. Sven Ågren,

Professor an der Kriegsakademie zu Carlberg bei Stockholm.

Mit zwei Hemisphärkarten und Konstruktionstafeln.

Berlin.

Gedruckt und verlegt bei G. Reimer.

1832.

Preis dieses Buchs mit den größeren Hemisphärkarten und Konstruktions-tafeln (26 Zoll Durchmesser) $1\frac{1}{2}$ Rthlr., mit den kleineren (13 Zoll Durch-messer) $\frac{3}{4}$ Rthlr.

Gutachten Carl Ritter's

an das Königl. Preuß. Ministerium der Geistlichen, Unterrichts= und Medizinal=Angelegenheiten,

in Betreff

gegenwärtiger geographischer Constructions=Methode.

Der mir durch Ein hohes Ministerium gewordene Auftrag, in der Angelegenheit des Professor Å g r e n mein Gutachten abzugeben, o b es räthlich sei, demselben das nachgesuchte Privilegium zu ertheilen, und w i e, im bejahenden Falle, dasselbe abzufassen sein möchte, um sowohl den Absichten des Bittstellers zu entsprechen, als auch der wünschenswerthen weitern Verbreitung, Entwickelung und Vervollkommnung der geographischen Constructions=Methode keine hemmenden Schranken zu setzen, kam mir erst zu Gesichte, nachdem ich von der mir durch Eine hohe Behörde so gnädig bewilligten Reise aus Franken zurückgekehrt war. Ich bin daher gegenwärtig erst im Stande, auf jenes Schreiben vom 16ten September nach meiner unmaßgeblichen Ueberzeugung meine Antwort abgeben zu können, welche sich theils auf meine erneuerte Untersuchung der dem Bittsteller eigenthümlichen Methode gründet, theils auf meine schon früherhin in einem Schreiben vom 7ten April 1829 gegen Ein hohes Ministerium ausgesprochenen Ansichten über geographische Methode überhaupt.

Diese machten in Beziehung auf den gesammten Fortschritt der geographischen Schulwissenschaft, verschieden von dem bisherigen Gange, ganz dieselben Anforderungen, welche nun durch die Methode des Herrn Ågren für die ersten Elemente derselben in der That theilweise, was nämlich die Formenlehre betrifft, hinsichtlich der construktiven Seite erfüllt werden. Denn wirklich geht seine ganze Methode dahin, daß der Schüler, vor allem Dociren des Lehrers, sich selbst erst seine Landkarte auf eine so richtige und sichere Weise (welche die Methode Schritt vor Schritt angiebt) entwerfe, und deren Verhältnisse auffinde und einübe, daß diese in ihren Formen und Relationen ihm stets innerlich als Bild vor der Seele stehen. Da dies die sicherste und erste Grundlage für das ganze Gebäude der geographischen Wissenschaft, in sofern diese es mit den Raum-Verhältnissen zu thun hat, sein muß, welche nur durch eine Construction mit Gedächtniß- und Kunst-Uebung zugleich in die Seele des Schülers niedergelegt und so als unveräußerliches Eigenthum gewonnen werden kann, das sich dann in jedem Augenblicke und zu jedwedem Bedürfnisse im Ganzen und Einzelnen von selbst zu reconstruiren und reproduciren im Stande ist, so stehe ich keinen Augenblick an, dieser Methode den Vorzug vor allen bisherigen Compendien der Elementar-Geographien einzuräumen.

Denn diese fangen insgesammt schon über Räume und Terrains zu dociren an, durch Definitionen, Begriffe rc., zu denen dem Schüler die innere Anschauung fehlt, die, als eine räumliche in ihren Verhältnissen, nur durch Construction zu gewinnen ist. Ihr ganzes Werk besteht in Gedächtnißwesen. Sie bedienen sich zwar der Karten ohne oder mit Namen, ohne oder mit Daten, Illuminationen rc. überladen, aber — als völlig für Form- und Raum-Verhältnisse todtliegender, unverständlicher und unzureichender Zeichen, oder wo dies weniger der Fall ist, nur als einer immer nur zufälligen Zugabe, und nie mit Sicherheit. Sie geben dem Schüler statt der Anleitung zur stufenweis sich immer mehr und mehr ergänzenden Construction die ganze Breite der Beschreibung des Einzelnen, oder die Karte auf einmal, indeß der Schüler, dagegen, nach diesem Lehrgange in den Stand gesetzt wird, sich selbst die unendliche Reihe der räumlichen Relationen nach und nach zu entwickeln und alle Beschreibungen systematisch zu entwerfen, ganz selbstständig für jede specielle Bedingung, ohne daß der Lehrer vorher damit des Schülers Gedächtniß wie mit einem todten Materiale von außen her Jahre lang zu belasten brauchte.

Durch diese Behandlungsweise erhebt sich die ganze todte Gedächtnißmasse der bisherigen elementaren geographischen Beschreibung zu einer Lehre der Verhältnisse, die der Schüler der mathematischen Methode gemäß nach den Angaben des Lehrers in bestimmten Formeln zu entwickeln und sich selbst zum Bewußtsein zu bringen hat, wodurch zugleich die Grundlage für alle höhere Anwendung gegeben ist.

Diese Methode entspricht daher den höhern Anforderungen an eine Elementar-Methode, welche ich im oben genannten Schreiben vom 7ten April 1829 an verschiedenen Stellen auf die wörtlich anzuführende Weise charakterisirte, die, obgleich mir Herrn Ågrens Methode ganz unbekannt war, doch dieselbe treffend bezeichnen, weil ich selbst bei meinen eigenen Ausarbeitungen und gesammelten Erfahrungen über Elementar-Methode von ganz gleichen Principien ausgegangen bin.

So heißt es l. c.:

„Die (gewöhnliche) geographische Lehre steigt dann von „ihrer unfruchtbarsten Allgemeinheit, die nicht einmal die „äußeren Formen und Lineamente für die Anschauung des Schülers zu fixiren im Stande ist, zur „gleichinhaltleeren Besonderheit und Einzelnheit herab, alles compilatorisch nur nebeneinanderstellend rc."

Dieser Vorwurf wird durch die Ågrensche Methode völlig beseitigt, und in der Erfüllung des hier Verlangten besteht ihr großes Hauptverdienst.

So heißt es ferner l. c.:

„nicht einmal zu einer auch nur elementaren Verhältniß- „und Proportionslehre ihrer tausend Einzelnheiten nach „geometrischen Figuren, Arealgrößen, Zahlangaben, Glie-

„dern, Theilen, noch zur Gruppirung sichtbarer und meß-
„barer Formen im Besondern und Allgemeinen ist sie
„gelangt, geschweige denn zu einer, im Fortschritte der
„Art erst wachsenden und höher befähigten Kraft oder
„etwa rc. rc.“

Dieser Mangel der bisherigen Lehrart wird auf das Vollkommenste durch die Ågrensche Methode erledigt.

So heißt es ferner l. c.:

„Indeß nun in der letzten Reihe der Decennien die Geo-
„graphie durch ihre Hülfswissenschaften ungemein gehoben
„worden, und durch vielfache Anstrengungen der mannich-
„faltigsten Art die außerordentlichsten Fortschritte gemacht
„hat rc. rc., ist der Schulgeographie ihre scholastische Ein-
„richtung aus alter Zeit geblieben; sie weiß nichts von
„niederem und höherem Stufengange (obwohl sie überall da-
„von spricht) von einem wahrhaft elementaren, von einem
„wissenschaftlichen, von einem philosophischen
„Fortschritt, sondern nur von einer Vermehrung durch
„Ansatz. Nur ihr einmal gewähltes Fachwerk, in das
„aller Stoff auseinandergerissen und zerhackt wird rc. rc.“

Dieser Vorwurf wird durch die Ågrensche Arbeit, soweit ihr Bereich geht, aufgehoben: denn sie zerstört den scholastischen Zuschnitt gleich von vorn herein, und scheidet den elementaren vom wissenschaftlichen, den niedern vom höhern Stufengange auf das Bestimmteste, wodurch es nun auch möglich wird, daß jeder Elementarlehrer sich diese Methode auf das Vollkommenste wird aneignen können, was ihre allgemeinere Annahme sicher stellt.

So heißt es ferner l. c.:

„ . . . . . mit ungebührlicher Anschwellung und Ansatz
„ihrer Massen von außen, statt eines organischen Wachs-
„thums von innen nach außen, sich selbst und andere
„täuschend rc. rc.“

Die Arbeit Ågrens hat im Gegensatze dieses Vorwurfs sich eines vollkommen innern Zusammenhangs zu erfreuen, und gewinnt dadurch als Elementar-Lehrbuch auch nach außen einen sehr mäßigen, bestimmt abgegrenzten Umfang, der eine günstige Eigenschaft seiner größern Verbreitungsfähigkeit sein wird, so wie ihr Inhalt nicht mit einer täuschenden Vollständigkeit prahlt, dagegen aber den betreffenden Theil wirklich auf das Vollständigste als Schulübung zu erschöpfen die Anweisung giebt.

Indem ich nun hier noch in allem Uebrigen auf obgenanntes Schreiben vom 7ten April 1829, in welchem ich die Nothwendigkeit einer völligen Umgestaltung der bisher sogenannten Compendien-Geographie und der Art, wie dies zu bewerkstelligen, darzustellen bemüht war, mich beziehe, glaube ich nicht weiter nöthig zu haben, die Gründe näher auseinander zu setzen, die mich zu dem Endurtheile bringen, daß die Ågrensche Methode für den elementar-topischen Theil derselben, wirklich eine neue Bahn bricht, welche durch ihre Einführung, wo nur immer die Local-Verhältnisse es gestatten mögen, den guten Einfluß haben muß, der ihr durch die beigelegten so ehrenwerthen Zeugnisse in Schweden auch schon zu Theil geworden ist.

Mein Urtheil könnte nur dadurch bestochen erscheinen, daß ich selbst auf eine, jenem sehr nahe verwandte und im Princip ganz gleiche Weise meinen ersten Cursus bearbeitet hatte, aber mich wahrhaft freue, auf diese Weise von dem erfahrnen, praktischen Schulmanne noch überholt worden zu sein. Denn diese elementare geographische Formenlehre bildet ein für sich bestehendes Ganzes, das den ersten Schritt zur Umgestaltung der Elementar-Geographie für den Schulunterricht thut, dem nun andere um so nutzbarer folgen können.

In dieser ersten Erörterung über das „Ob?" liegen meine unmaßgeblichen Gründe zur Beantwortung der zweiten Frage „Wie?" die Petition Ågrens zu fördern sei.

Ich fahre in Citirung meiner hierauf Bezug habenden Bemerkungen aus obgenanntem Schreiben vom 7ten April 1829 fort, wo es heißt:

„ . . . . . ist eine solche Umgestaltung ꝛc. nur erst ver-
„sucht und in den Elementen angebahnt, so wird sie doch
„in ihrer, wenn auch noch unvollendeten Erscheinung,
„den Keim der höhern Entfaltung tragen und unvergleich-
„bar mehr wirken als alle vorhergegangenen nicht wissen-
„schaftlichen Versuche compilatorischer Art ꝛc.“

In Ågrens Elementarmethode liegt der Keim ihrer höhern Entfaltung offen vor Augen; denn sie ist nur das erste Glied der umgestalteten Unterrichtsweise. Da sie diesen Keim auf eine ihr eigenthümliche Art gleichsam neu geboren hat, so ist die Beachtung und Pflege desselben ein würdiger Gegenstand Einer hohen Unterrichtsbehörde. Wenn es ferner l. c. heißt:

„Zur Herausgabe dieser Art von Lehrbüchern, nämlich
„compilatorischer Art, ist bei gar keinen außerordentlichen
„Anstrengungen, an welche ein Theil des Lebens ꝛc. ꝛc. ge-
„setzt wird, auch gar keine besondere Theilnahme des Staa-
„tes von außen her nothwendig ꝛc.“

so ist dagegen sicher, daß solche Unternehmungen, wie die Ågrensche, einer längern Reihe von Jahren und vielfacher Versuche und Erfahrungen bedürfen, um sich consequent zu gestalten und zur größten Einfachheit abzurunden, ehe sie allgemein anwendbar werden können, ohne daß ihr Resultat durch einen Manuscript-Umfang und eines nach der Bogenzahl honorirten Buches für die gebrachten Opfer Ersatz geben könnte.

Will und kann also der Staat zum Besten seines Schulfortschrittes sich einer also geförderten Idee annehmen, um aus ihrem Keime eine reichere Saat aufgehen zu machen: so kann hierzu die Ågrensche Methode auf das Gewissenhafteste empfohlen werden. Der Staat, welcher sich ihrer zuerst annimmt wird auch zuerst die Früchte derselben gewinnen für seine Elementarschulen.

Aus diesen Gründen stimme ich vollkommen dafür, daß Ein hohes Ministerium dieser Arbeit seine Begünstigung angedeihen lasse, damit sie baldigst im Druck und Stich zum

Gewinne des Autors wie der Schule erscheinen könne. Die Abnahme von Ein- bis Zweihundert Exemplaren durch Ein hohes Ministerium nebst Bevorwortung derselben an die Elementar- und Gelehrten-Schulen der Monarchie wird schon eine hohe und erwünschte Gunst für den Autor und eine Wohlthat für die Belebung des Elementar-Unterrichtswesens sein, welchem durch seine einsichtsvollen und eifrigen Vorsteher überall, zu seiner Zeit „die freie Annahme" der Methode und deren Prüfung und Einführung in die ihnen untergebenen Anstalten von selbst erfolgen wird, sofern dieselbe sich für die Praxis, woran ich nicht zweifle, eben so bewährt, wie sie in der Theorie das Bedürfniß befriedigt, und ihre Einführung durch die jedesmaligen localen Verhältnisse die gehörige Stütze findet.

Was nun die Privilegirung betrifft, so traue ich mir darüber nur ein minder sicheres Urtheil zu, und ich kann sie nur so auffassen, daß sie in einem gleichsam gesteigerten Schutze gegen den möglichen Nachdruck und Nachstich besteht. Denn das Werk als Schulbuch zur Einführung in die Schulen zu privilegiren, scheint mir ganz gegen das bisher befolgte so weise und humane System Eines hohen Ministeriums zu streiten, das überall der Geistesthätigkeit und den Geistesproductionen mit so großem und glänzendem Erfolge die freieste Concurrenz gestattet, und wäre dies gegen meine persönliche, innigste Ueberzeugung. In der Petition würden demnach die Worte: „qu'après qu'une telle description soit publiée un certain nombre d'exemplaires en soit employé dans les écoles publiques" in distribué oder divulgué zu verändern sein. Dagegen dem Autor und Verleger ihr Recht gegen unmittelbaren Nachdruck und Nachstich zu sichern, scheint mir eben so billig als gerecht zu sein, so wie auch die Mittel zu der möglichen, absichtlichen Umgehung des Nachdruck-Verbotes durch eine bloße Variation der Methode so viel als thunlich zu begegnen, ohne dem Fortschritte derselben zu ihrer eignen möglichen Vervollkommnung Eintrag zu thun.

Der Autor verlangt das Privilegium oder diesen Schutz, um einen Verleger zu finden, der durch dasselbe gesichert wird die Kosten der Herausgabe nicht zu scheuen. Die Abnahme der Exemplare und die Bevorwortung an die Schulanstalten der Monarchie ist schon einerseits ein wichtiger Schritt für die Sicherstellung des Herausgebers. Andrerseits könnte der Schutz gegen unmittelbaren Nachdruck und Nachstich sowohl als auch gegen Verfälschung von beiden durch unwesentliche Zusätze und Abänderungen mit Beibehaltung des Wesens dieser constructiven Methode in ihrer innern und äußern Erscheinung (auf den Fall der absichtlichen Täuschung, wenn z. B. blos das Außenwerk verändert mit andern Titel, Karten rc. gegeben werden sollte) in Anspruch zu nehmen sein.

Innerhalb 10 bis 12 Jahren wird sich schon die Methode bewähren können oder nicht; auf längere Zeit scheint mir schon bei dem raschen Umschwunge der Wissenschaft eine solche geschärfte Privilegirung gegen den leicht zu verfälschenden Nachdruck nicht zweckmäßig zu sein; gegen den unmittelbaren Nachdruck schützen die Gesetze an sich schon. Denn eine so lange Zeit wäre wohl nothwendig um durch mehrjährig wiederholte Erfahrungen im Sinne ihres Principes vielleicht eine wesentlich begründete und gediegne Reform dieser Methode herbeizuführen, die, einst, in der Publicirung hemmen zu wollen, nicht im Systeme der liberalen Unterrichtsbehörde liegen kann. Bis dahin würden Autor und Verleger sich selbst, etwa durch eigends verbesserte Auflagen, gegen die Nachtheile etwaiger fremder Bearbeitung schützen können, nachdem sie schon eine Reihe von zehn Jahren den ausschließenden Gewinn von denselben Lehrmitteln gezogen haben, die entweder sehr schnell durch baldiges Anerkenntniß in dieser gegebenen Form ihre allgemeinere Anwendung finden müssen, oder so langsam einen Eingang gewinnen, daß ihre anfängliche Form schon antiquirt ist, bevor die Methode festen Fuß gewann, und dann durch bessere Mittel zum Besten der Sache selbst verdrängt werden muß.

Es verlangt der Autor diese Art der Privilegirung auch nur für eine kurze Reihe von Jahren und nicht für die Annahme seiner Methode überhaupt, sondern nur für den beschränkten Umfang seines herauszugebenden Elementarbuches, dem er den Titel zu geben gedenkt: „Physische Erdbeschreibung erste Abtheilung, Eigentliche Physische Erdbeschreibung, erster und zweiter Cursus, mit kleinern und größern hemisphärischen Karten.“ Für die folgenden Abtheilungen macht er jene Ansprüche nicht, und mit Recht überläßt er, gleichzeitig, die Benutzung und Anwendung seiner Methode auf Specialkarten und auf den ganzen materiellen Theil der Wissenschaft, der freien Behandlungsweise und Productität eines jedweden Lehrers ins besondere.

Ohne die Publicirung jenes elementaren Theiles würde der Schulunterricht gar keinen Vortheil von jener Methobe davontragen; durch die specielle Begünstigung desselben wird keinem andern Werke der Art zu nahe getreten, weil kein anderes derselben Art existirt. Ich halte also dafür, daß ein gesteigerter aber limitirter Schutz gegen den Nachdruck und Nachstich, wie etwaige Verfälschung von beiden, unter obigen Voraussetzungen keinen Nachtheil für die Methode und den Fortschritt des Lehrwesens herbeiführen könne, sondern nur wesentliche Vortheile, und daß nach jener abgelaufenen Zeit, auch die freie Concurrenz zu einer wo möglich noch zu verbessernden constructiven Methode der Art für den Staat wieder eintreten muß, weil dieselbe während der Zeit eines Jahrzehends durch ihre Einführung und Anwendung auf Special-Geographie und das Materiale dieser Wissenschaft, ihre Kräfte hinreichend versucht und gehoben haben kann, um auf die Reform der Theorie und ihrer Anwendung im elementaren und formellen wohlthätig zurück gewirkt zu haben, oder ferner fortwirken zu können.

Berlin, den 15. October 1830.

(gez.) C. Ritter, Prof. p. o.

P. S.

Noch habe ich die Ehre, auf Ansuchen des Bittstellers die mir von demselben zu dem Ende mitgetheilten sogenannten „physischen Hemisphär-Karten des zweiten Cursus“ beizufügen, welche die seiner Methode eigenthümlichen Constructionslinien und dadurch das Eigenthümliche enthalten, das sie schon als Gewerbproduct befähigen könnte patentirt zu werden. Würde das Privilegium daher ins besondere auf die Karten ausgestellt, so geschähe es, des Bittstellers Wunsche gemäß, also, daß derselbe ein 10- (12-) jähriges Patent oder Schutz erhalte auf die Herausgabe von ihm sogenannter „physisch-formeller oder eigentlich physischer Hemisphär- und Planiglob-Karten von verschiedenem Maaßstabe, welche mit mehrern oder wenigern Reihen solcher seinem Systeme gemäßer Constructionslinien und Constructionspuncte besetzt sind.“

Hierdurch würde, seiner Ansicht nach, am zweckmäßigsten ein gesteigerter Schutz verliehen werden, 1) gegen den Nachstich, weil sonst jemand Karten derselben Art nach blos verschiedenem Maaßstabe ausgeben und so das Gesetz täuschen könnte; 2) gegen den Nachdruck, weil die Karten der Beschreibung ganz nothwendig zugehören, und beide sich gegenseitig entsprechen, daher, unter obigen Voraussetzungen, dadurch auch keinem andern Werke zu nahe getreten werde, und keine hemmenden Schranken der Entwicklung und Vervollkommnung der geographischen Constructions-Methode daraus hervorgehen können.

C. R.

Vorrede.

Betrachtet man die gegenwärtige Erdbeschreibung als ein für sich bestehendes und nicht als in der engsten Verbindung mit der beigegebenen Konstruktionstafel, so muß man dieselbe durchaus falsch verstehen. Man wird sich dann von ihrem wahren Wesen so wenig eine richtige Vorstellung machen können, wie ein ungeübter Notenleser im Stande ist, aus den Noten ein Musikstück zu beurtheilen, welches er nicht hört. Wie die Noten eine Anweisung sind, gewisse Verbindungen von Tönen auszuführen, so soll unsere Erdbeschreibung auch nichts anderes sein, als die Gesammtheit der konstruktiven Aufgaben, welche vom Schüler auf der Tafel ausgeführt werden sollen, und welche man nicht beurtheilen kann ohne ihre Ausführung gesehen zu haben. Von einem Nutzen der aus dem bloßen Lesen dieser Beschreibung hervorginge, kann also nicht die Rede sein, so wenig, wie von einem dadurch verursachten Vergnügen. Soll Nutzen, und durch den Nutzen auch Vergnügen erreicht werden, so muß, während die Beschreibung gelesen wird, die Hand auf der Konstruktionstafel ruhen, und das Auge für eine jede Aufgabe sich abwechselnd auf diese und auf die Karte wenden. Als Theil eines Lehrbuches kann gegenwärtige Abtheilung, wie weiter unten gezeigt werden wird, nichts mit der Form des Lesebuchs gemein haben. Mit Ausnahme einiger wenigen Anmerkungen hat also kein Theil des Inhaltes die Bestimmung, als bloß erklärend, noch weniger aber als bloß zur Unterhaltung dienend, nur gelesen zu werden. Alles was angegeben ist, selbst die Form, in der es angegeben ist, soll gelernt werden. Von der ersten Seite bis zur letzten enthält das Buch, soviel dem Verfasser bewußt ist, keine bildliche Redeweise; nnd dennoch ist er darum nicht weniger mit voller Gewißheit überzeugt, daß der durch das Buch ertheilte Unterricht in dem Konstruenten das Bild der Erde hervorruft und es ihm einprägt. Ob die Perioden rund geworden, oder nicht, hat ihn am wenigsten gekümmert. Desto mehr aber ist es sein Bestreben gewesen, durch das ganze Buch streng eine gleiche Form durchgehen zu lassen, und dies wird ihm wohl so ziemlich gelungen sein. Zwischen dem ersten Stück und dem zweiten, dem zweiten und dem dritten u. s. w. ist kein Unterschied der Form, sondern bloß des Inhalts. Mechanische Regelmäßigkeit, strenge Einförmigkeit, keine abwechselnde Leichtigkeit in der Art des Vortrages, bloß Leichtigkeit für den Schüler, unabhängig vom Lehrer auf eigene Hand lernen zu können, — dies ist das was beabsichtigt und hoffentlich auch erreicht worden ist. Nicht ohne Grund glaubt der Verfasser, daß die in dieser Beziehung vorhandene Leichtigkeit, für die in anderer Beziehung fehlende vollen Ersatz enthalte.

Wie der Inhalt dargestellt werden muß, um auf die leichteste Weise gelernt werden zu können, hat mithin das Buch übernommen selbst zu zeigen. In diesem Fall ist das Buch der Lehrer und die ganze Arbeit des letzten beschränkt sich darauf, den Schüler in dem aus dem Buche gelernten zu prüfen. Die Entwickelung und Erklärung der Anmerkung, welche dem ersten Kapitel vorangeht und die von der Beschreibung erforderte physisch- und mathematisch-geographische Vorkenntniß enthält, ist das Einzige, worin seine unterrichtende Mitwirkung von nöthen ist. Uebrigens ist auch für das Bedürfniß an Vorkenntniß der wörtliche Inhalt der Anmerkung völlig hinreichend. Das unterrichtende Zuthun kann daher ohne Nachtheil für die Sache, auf ein bloß erklärendes beschränkt, oder auch, je nach den Umständen, wohl ganz überflüssig werden. Fände sich eine einzige Angabe, welche vom Schüler nicht mit eben solcher Leichtigkeit wie vom Lehrer verstanden werden könnte, so hätte der Verfasser seinen Zweck nicht völlig erreicht. Eben so wenig, und noch weniger, wenn das Lernen durch Veränderung der Ordnung, in welcher die Angaben vorkommen, in bedeutendem Maaße erleichtert werden könnte.

Wenn die Form der konstruktiven Erdbeschreibung etwas ziemlich Ungewöhnliches haben mag, so ist doch diese Form nicht ungewöhnlicher, als daß durch dieselbe erreichte Resultat. Dieses besteht hier aus binnen kurzer Zeit erworbener Kenntniß und Fertigkeit, das Bild der Erde so aus dem Gedächtniß zu konstruiren, wie es auf den beifolgenden Globkarten dargestellt ist. In der untersten Klasse der Kriegsakademie zu Carlberg ist ein solches Resultat bei drei Lehrstunden in der Woche im Zeitraume eines Jahres erreicht worden. Das officielle Zeugniß, welches die Oberbehörde der Akademie hierüber ausgefertigt hat, würde hier beigelegt werden, wenn der hiermit angegebene Inhalt desselben die Beilage nicht überflüssig machte *).

Nachdem auf diese Weise allgemein physich-geographische Karten konstruirt werden können, läßt sich mit der größten Leichtigkeit auf denselben Karten die Konstruktion der geologischen, pflanzengeographischen, thiergeographischen, politischen und historischen Verhältnisse ausführen. Es müssen von den geologischen zuerst minerographische (mineralogisch-geographische), dann klimatologische, von den politischen zuerst eigentlich-politische, dann statistische, von den historischen zuerst physisch-historische (historisch-geologische), dann politisch-historische, mit unter diese gehörenden theils eigentlich-historischen, theils politisch-geographischen und statistisch-geographischen früherer Perioden construirt werden.

---

*) Nach dem wörtlichen Inhalte des Zeugnisses ist in obgedachter Lehranstalt durch mehrjährige Erfahrung ausgemittelt worden, daß zur Gewinnung des besagten Resultats in Summa eine Zeit von 5 bis 6 Wochen (mit 5 bis 6 täglichen Arbeitsstunden und oft bedeutend weniger) erforderlich ist. Also $\frac{1}{8}$ Jahr, so daß $\frac{7}{8}$ für andere Lehrgegenstände übrig bleiben. Die Karten, auf welche sich das Zeugniß bezieht, 'sind nach demselben Maaßstabe entworfen wie die größeren der hier beifolgenden. Bloß hinsichtlich der Anzahl kleiner Flüsse ist bei erstern das Detail des Inhalts etwas geringer.

Wie die Konstruktion der allgemein physisch-geographischen Karten bewerkstelligt werden muß, läßt sich am leichtesten von den auf den beigegebenen Karten befindlichen Kreuzzeichen und Konstruktionslinien abnehmen. Um z. B. einen Entwurf zur Küstenkonstruktion der Festlande zu bilden, hat man nur die Endpunkte der Hauptstrecken der Küsten mit den innerhalb derselben liegenden Nebenstrecken auf die Konstruktionstafel zu setzen und mit geraden Linien zu verbinden. Ist dies geschehen, so daß dadurch die Busen, die Halbinseln und die Flußmündungen angegeben sind, so bleibt zur Vollendung der Küstenkonstruktion nur noch übrig, daß jede eingezeichnete gerade Linie, mittels größerer oder kleinerer Korrektionen in eine mit den natürlichen Küstenformen mehr zusammenfallende krumme Linie verwandelt wird. Auf dieselbe Weise müssen die Konstruktionsentwürfe zu den von größern Flüssen, Binnenseen u. s. w. beschriebenen krummen Linien entworfen und durch Korrektion vollendet werden, wozu der Construent keiner mathematischen Unterstützung bedarf, da für die kleinen Strekken, mit denen er es zu thun hat, das Augenmaaß ausreicht. Von selbst versteht sich, daß die Konstruktionsentwürfe überall da wegfallen, wo sie in Folge der geringeren Größe der Gegenstände entweder unmöglich oder überflüssig sind; sowie daß für die Genauigkeit der Korrektion das Maximum durch die Korrektionszeichen bestimmt wird. In welchem Grade das Relief der Oberfläche hier bei Konstruktion der Höhen- und Gebirgsstrecken nach den beigegebenen von Berghaus entworfenen Karten wiedergegeben werden kann, hängt natürlicherweise größtentheils von des Konstruirenden graphischem Vermögen ab.

Zur minerographischen Konstruktion wird bloß erfordert, daß die aus der ungleichen Verbreitung der verschiedenen Erd-, Stein- und Wasserarten entstehenden geologischen Grenzgebiete zuerst auf die physischen Karten eingetragen werden, sodann jede besondere Region mit eigenen Namen, Zeichen oder Farben bemerkbar gemacht wird.

Zur klimatologischen Konstruktion ist erforderlich, daß eine größere oder kleinere Anzahl thermometrischer und barometrischer Beobachtungen innerhalb der verschiedenen Klimatenzonen ausgesetzt und auf bekannte Weise bezeichnet werden.

Zur pflanzen- und thiergeographischen Konstruktion sind die verschiedenen Gewächs- und Thierregionen auf dieselbe Weise, wie die geologischen Regionen, auf die Karten einzutragen und unterscheidend zu bezeichnen.

Zur eigentlich politischen Konstruktion wird erfordert, daß, nachdem die Oerterkonstruktion zuerst längs den Festlands- und Inselküsten, sodann längs und zwischen den Flüssen und Binnenseen ausgeführt worden, die Gränzen sowohl der verschiedenen Staaten, als innerhalb derselben die ethnographischen Gränzen, und die Gränzen staatsökonomischer, militärischer, juridischer und kirchlicher Distrikte n. s. w. bezeichnet werden.

Die statistische Konstruktion wird bewerkstelligt, indem man mittelst konventioneller Zeichen innerhalb jeder Staatsgränze bezeichnet, z. B. 1) die eigenthümliche Natur des Staates hinsichtlich der Staatsverfassung, Staatsverwaltung, Gerechtigkeitspflege und des Vertheidigungswesens (d. i. in wie fern die Staatsverfassung von repräsentativer oder autokratischer Beschaffenheit ist, das staatswissenschaftliche System die Gewerbthätigkeit hemmt oder frei läßt; die Rechtspflege unabhängig oder abhängig von der höchsten Gewalt ist, die Vertheidigung auf einer Soldateske oder auf dem Volke beruht); 2) Größe und Vertheilung der Volksmenge, des Beamtenpersonals, der Kriegsmacht, der Steuerbeiträge u. s. w.; 3) die ungleiche Bedeutung der Städte als Residenzen, Universitäts-, Handels-, Fabriks- oder Festungsörter; der Provinzen, als Ackerbauprovinzen, Bergwerksprovinzen u. s. w.

Zur historisch-geologischen Konstruktion gehört, daß die Stellen auf der Erde, wo Petrefakten und Ueberbleibsel von Fossilien aus einem vergangenen Erdalter gefunden worden sind oder gefunden werden, umgränzt und auf besondere Weise bezeichnet werden.

Zur eigentlich historischen Konstruktion, daß, mittelst Bezeichnung z. B. der Straße besonderer Völkerwanderungen, Kriegszüge und Entdeckungsreisen, der Schlachtfelder, der Oerter friedenschließender Kongresse u. s. w., historische Karten für besondere Zeiträume entworfen werden. Von selbst ist klar, daß ältere politische und statistische Karten auf dieselbe Weise wie neuere konstruirt werden.

Was die allgemein physische Konstruktionsbeschreibung betrifft, so muß dieselbe, wie man in dem Buche ersieht, in zwei Kapitel zerfallen; jedes Kapitel in zwei Paragraphen; jeder Paragraph in besondere Stücke, und jedes Stück in zwei Momente. Die Beschreibung mag nun die ganze Erde oder bloß einen Theil derselben umfassen, so muß das erstere Kapitel die Gränzen- und das letztere die Flächenbeschreibung enthalten. Ist die Gränze, welche beschrieben wird, bloß Wassergränze, so möchte die Beschreibung, wie hier, am richtigsten und bestimmtesten Küstenbeschreibung genannt werden. Wird die Theilung in Paragraphen beibehalten, so giebt es keine Veranlassung, ein Kapitel in mehr als zwei Paragraphen zu theilen, zumal da die Anzahl der Stücke nach Belieben vermehrt oder vermindert werden kann. Als Folge der angegebenen Konstruktionsweise müssen, innerhalb eines jeden Paragraphen der allgemeinen Küstenbeschreibung, zuerst Namen und Lage gewisser, zur Bildung des Entwurfs der Küstenbeschreibung, der Festlande und der größeren Inseln erforderlichen Konstruktionspunkte angegeben werden; danach Namen und Lage der zur Vollendung der Küstenkonstruktion gehörenden Busen und Halbinseln u. s. w., und endlich die der kleinen Inseln und Inselgruppen *). Innerhalb eines jeden Paragraphen der entsprechenden Flächenbeschreibung müssen sodann Namen und Lage zuerst der Gewässer, der Festlande und der größern Inseln angegeben werden; danach die der Wasserscheiden mit den innerhalb und in der Nähe derselben liegenden Höhen und Höhenstrecken u. s. w. **). Von jedem Stück muß das erstere und das letztere Moment hinsichtlich des Inhalts gleich, und nur in Ansehung der

*) Vergleiche das erste Kapitel.

**) Vergleiche das zweite Kapitel.

Darstellungsweise dieses Inhaltes verschieden sein *). Im erstern müssen Namen und Lage der zu konstruirenden Gegenstände auf einmal oder synthetisch angegeben werden, im letztern einzeln oder analytisch *). Demungeachtet muß die analytische Form des einen so gut wie die syntetische des andern auf Konstruktion berechnet sein, indem nämlich durch sämmtliche erste Momente die Fähigkeit und Fertigkeit entsteht das physische Erdbild mit Hülfe der Beschreibung und der Karten, durch die sämmtlichen zweiten Momente aber, dasselbe ohne diese Hülfe zu konstruiren *).

Je gleichartiger Angaben sind, desto leichter sind sie im Gedächtniß zu behalten. Im analytischen Momente muß deshalb zuerst die Angabe der Namen von der Angabe der Lage, danach die Angabe unbestimmter Lage von der Angabe bestimmter, und endlich die Angabe bestimmter Breitenlage von der Angabe bestimmter Längenlage getrennt werden *). Aus dieser Trennung kann die schnelle Entstehung des angegebenen Resultats dieser Konstruktion größtentheils erklärt werden.

Wenn auch das Bedürfniß einer allgemeinen Kenntniß der Erde ein gemeinsames ist, so wird es darum doch weder in intensiver noch extensiver Hinsicht für Alle ein gleiches sein. Was alle diejenigen betrifft, welche gleich beim Austreten aus der Volksschule ein bestimmtes bürgerliches Geschäft ergreifen, muß die geographische Kenntniß, deren Mittheilung Sache des Lesebuches sein soll, für das Gewerbe selbst hinlänglich sein. Würde aber eine sowohl in intensi-

*) Vergleiche das erste und das zweite Moment eines jeden Stücks.

ver als extensiver Hinsicht ausgedehntere (d. i. eine gründlichere und ausführlichere) Kenntniß verlangt, so möchte es doch, was die Gründlichkeit betrifft, genügend sein, wenn die Konstruktion nur unbestimmt, d. h. mit Beobachtung bloß der physischen oder relativen Lage bewerkstelligt, was aber die Ausführlichkeit betrifft, wenn Kenntniß bloß von einem Theil des Inhalts erworben würde. Aus diesem Grunde muß die allgemeine physische Erdbeschreibung nicht allein in besondere Kapitel, Paragraphen, Stücke und Momente, sondern zugleich auch in zwei theils in intensiver, theils extensiver Hinsicht unterschiedene Lehrkursen zerfallen — einen niedern und einen höhern — von denen der letzte hier durch einen kleineren Druck unterschieden worden ist. Von selbst ist deutlich, daß der extensiv-höhere durch Hinzufügung mehrerer zu konstruirender Gegenstände, der intensiv-höhere aber durch Hinzufügung der mathematischen Lage entsteht.

Bei dieser Gelegenheit darf nicht unbemerkt bleiben, daß die unbestimmte, d. h. die physische oder relative Konstruktion ohne gar zu großen Zeitverlust nicht zu einer besondern Höhe getrieben werden kann, wenn sie nicht auf der bestimmten oder sogenannten mathematischen oder absoluten ruht. Zuvörderst muß daher die erstere sich auf die Kenntniß und Fertigkeit beschränken, ganze, oder auch wohl getheilte, Festlands- oder Inselbilder auf einer gewöhnlichen Tafel nur ungefähr zu zeichnen, z. B. bloß isolirte Küstenstrecken, Flüsse und Binnenseen u. s. w. Wünscht man dagegen die Fertigkeit, auch ohne Hülfe unterlegter Parallel- und Meridiankonstruktion, eine physische Karte aus dem Gedächtniß zu konstruiren, dergestalt, daß einander gegenüberliegende Küstenformen sich völlig oder so genau wie möglich in ihrer richtigen gegenseitigen Lage befinden, die Oeffnungen zwischen ihnen ihr rich= Verhältniß haben u. s. w., so wird der Zweck am leichtesten und sichersten durch die mathematische Konstruktion erreicht, welche demnach als das dienlichste Mittel zur Vervollkommnung der erst erwähnten physischen und relativen angesehen werden kann. Vor Allem möchte bemerkt werden müssen, daß, da die höchste relative Konstruktionskenntniß keine unmittelbare Folge der absoluten ausmacht, auch nachdem diese letzte erworben worden ist, die erste besonders eingeübt werden muß, wodurch alle möglicherweise vorher zum Theil bloß auf Zahlenbegriffen und somit auf Gedächtniß ruhende Konstruktionskenntniß auf lebendigen und imaginativen Grund versetzt wird.

Was die Methode betrifft, nach welcher in Ansehung der Stufenfolge physischer Erdkenntniß die Prüfung eingerichtet werden muß, so ist klar, daß für den ersten und letzten Grad die Konstruktionsprobe auf unkonstruirter, d. h. mit Parallel= und Meridiannetz nicht versehener Tafel abgelegt werden kann; dagegen für den zweiten oder Mittelgrad auf konstruirter Tafel. Ist dies geschehen, die Probe gültig befunden, und somit die Lagekenntniß der Hauptsache nach an den Tag gelegt worden, so muß dann die Prüfung sich auf die Namenkenntniß beziehen, zu welchem Ende die Namen konstruirter Küsten= nnd Oberflächentheile vom Konstruenten auf der Konstruktionstafel angesetzt werden müssen, entweder ganz oder, um der Kürze willen, bloß mit ihren Anfangsbuchstaben. Die Proben werden natürlicherweise in Gegenwart des

Lehrers abgelegt. Die Anzahl der Probeablegenden kann so groß sein, wie das Lokal es zuläßt und wie der Lehrer zu übersehen vermag, um sich nicht täuschen zu lassen. Die erste Konstruktionsprobe ist, als in der zweiten und dritten einbegriffen, nur für diejenigen, welche sich mit dem ersten Konstruktions-Kursus begnügen. Auf alle Fälle möchte die Prüfung der Küsten- und der Flächenkonstruktion auf verschiedene Zeiten vertheilt werden müssen, zumal da mit der letzten ohnedies die Kenntniß der ersten von selbst wieder mit gepfrüft wird. Der in einem Theile geprüfte und bei dieser Prüfung gut bestanden habende Schüler findet die Last des Ganzen erleichtert. Die Mühe des Lehrers wird dabei allerdings vermehrt; — doch er ist ja um des Schülers willen da. Ueberdies ist die Arbeit, als auf bloße Aufsicht beschränkt, an und für sich mäßig.

Von welcher Art nun die geographische Konstruktion auch sei, muß sie immer nur als Mittel zur Erlangung von Kenntniß geographischer Lage betrachtet werden. Da dem Endzwecke nicht durch das Mittel Genüge geleistet werden kann, muß nun auf die Konstruktionsprobe eine schriftliche Prüfung folgen, zumal da, aus leicht begreiflichen Gründen, erst durch diese letzte die Kenntniß des Schülers von der Lage vollkommen geprüft und ausgemittelt werden kann. Für diese schriftliche Prüfung werden die zu gebenden Fragen auf einzelne Stückchen Papier geschrieben, und diese in einen Hut gethan, welcher dem Examinanden gereicht wird. Dieser zieht also eine ihm durchs Loos bestimmte Aufgabe heraus, wendet sich sogleich und geht nach dem ihm allein bestimmten Schreibtisch.

Hier setzt er seine Antworten auf ein vom Lehrer gezeichnetes Papier auf, welches er gleich nach Vollendung abgiebt, so daß jedes Unterschieben fremder Arbeit gegen eigene unfehlbar verhindert wir, sofern während der Zeit gehörige Aufsicht statt findet. Die aufgesetzten Antworten bleiben nachher eine Urkunde für das Archiv der Schule, durch welche der Lehrer und die Schuldirektion gemeinschaftlich den Beweis von erfüllter Schuldigkeit führen können, falls die Erfüllung von höherer Schulautorität in Frage gestellt werden sollte. Zugleich hat der Lehrer Gelegenheit dadurch die Richtigkeit seines billigenden oder mißbilligenden Urtheils unmittelbar vor dem Direktor, Gubernator oder Ephorus der Schule zu belegen.

Was die Fragen selbst betrifft, so können diese theils von direkter, theils von korollarer Beschaffenheit sein. Die erstere Art erfordert bloß eine schriftliche Berichterstattung von einem größern oder geringern Theil der Längen- und Breiten- so wie Höhen- und Tiefenlage der durch die Konstruktion bezeichneten Gegenstände, wozu mithin, nach Maaßgabe der ungleichen Stufen der Konstruktionskenntniß, Fragen gehören, wie z. B.: a) Küstenformen (nämlich Busen, Meere, Seen, Flußmündungen und Küstenstrekken u. s. w.), zwischen Nordkyn und Ostkap? (Ostkap und Kap Romania? Kap Romania und Kap der Guten Hoffnung? Kap der Guten Hoffnung und Nordkyn? Kap Froward und Kap Charles? Landsend und Kap Dunkansby? u. s. w.); — b) Gewässer, welche innerhalb des östlichen (westlichen) Festlandes unmittelbar (mittelbar) ins nördliche Eismeer fallen? (ins westliche Weltmeer? ins östliche? ins südliche? ins Mittelmeer? ins Kaspische Meer? u. s. w.); — c) Inseln und Inselgruppen innerhalb des nördlichen Eismeeres? (des westlichen Weltmeeres? des östlichen?); — d) Wasserscheiden (Haupt- und Nebenwasserscheiden) des östlichen (westlichen) Festlandes? — e) Gebirge (Hochländer und Berge) des östlichen (westlichen) Festlandes? — f) Strekken der Haupt- und Nebenflüsse des östlichen (westlichen) Festlandes von der Mündung bis zur Quelle? (von der Quelle bis zur Mündung?); — g) Gewässer getheilt durch die verschiedenen Strecken der Haupt- (Neben-) wasserscheiden des östlichen (westlichen) Festlandes? — h) Parallelen und Meridiane, welche die Busen, Halbinseln und Küstenstrecken zwischen Nordkyn und Ostkap? Ostkap und Kap Romania u. s. w. schneiden (einschließen, tangiren) u. s. w., u. s. w.

Für Korollarfragen giebt es kaum eine Gränze, wenn der Antwortende schon die höchste Konstruktionsprüfung bestanden hat. Alles, was auf Veranlassung der ausgeführten Konstruktion vernünftiger Weise gefragt werden kann, muß dieser zu beantworten wissen. Hieher gehören also die Fragen in Bezug auf die möglichen verschiedenen Arten korrespondirender Lage, wie z. B. a) welche Küstentheile in Parallel- (Meridian-) richtung mit den Küstentheilen zwischen Nordkyn und Ostkap? Ostkap und Kap Romania u. s. w. korrespondiren? (nämlich mit dem Tanafjord? der Halbinsel zwischen dem Tana- und Warangerfjord? der Küstenstrecke zwischen dem Warangerfjord und Kap Orlow? dem Obybusen? u. s. w.); — b) welche Oberflächentheile (Flüsse Flußquellen, Wasserscheiden, Gebirge u. s. w.) in Parallel- (Meridian-) richtung mit gewissen Oberflächentheilen z. B. der spanischen Halbinsel u. s. w. — c) Land (Wasser) unter dem Schneidepunkt gewisser Parallelen und Meridiane befindlich? — d) Inseln oder Inselgruppen, z. B. im nördlichen Eismeere, mit denen gewisse Inseln oder Inselgruppen anderer Meere in Meridian- (Parallel-) richtung correspondiren? u. s. w. — e) welches Land und Wasser vom Aequator? vom 5ten, 10ten, 20sten u. s. w. Par. n. oder s. Br.? vom nördlichen oder südlichen Wendekreise? vom 1sten, 5ten, 10ten Meridian u. s. w. geschnitten wird. — f) Wo der Antipodenpunkt der Punkte a, b, c? (der Insel Irland? des Ebrothales u. s. w.); — g) welche die absolute Lage der Städte a, b, c ist, die die relative Lage e, f, g haben? (nämlich am Busen e, an der Flußstrecke f u. s. w.); — h) die relative Lage der Städte a, b, c, welche die absolute Lage e, f, g haben (nämlich der Stadt a, 48° n. Br., 20° ö. L.; der Stadt b, 49° n. Br., 30° ö. L. u. s. w. habend).

Diese und ähnliche, jedoch bei der Anwendung meist näher zu bestimmende Fragen müssen bei der Prüfung aus dem angeführten Grunde und auf die angegebene Weise vom Lehrer aufgeschrieben werden. Die Form, in welcher die Antworten auf die erste Art abgefaßt werden müssen, ist bereits durch die Beschreibung gegeben, z. B. die Antwort auf die Frage nach den Küstentheilen zwischen Nordkyn und Ostkap ist, daß von Nordkyn der Reihe nach folgt: 1) der Tanafjord; 2) die Halbinsel zwischen dem Tana- und dem Warangerfjord; 3) der Warangerfjord u. s. w. Auf gleiche Weise muß auf die Frage nach den Krümmungen der Küste zur Bildung der Küstenformen zwischen Nordkyn und Ostkap geantwortet werden, daß des östlichen Festlandes nördliche Küste geht a) nach S.S.W. und N.N.O., um den Tanafjord zu bilden: b) nach O.S.O. und W.S.W., um die Halbinsel zwischen dem Tana- und Warangerfjord zu bilden u. s. w. Ist die Frage nach der absoluten Lage derselben Küstentheile, so ist die Antwort, um der Kürze willen, in Parenthesen zu der Namenangabe hinzuzufügen, z. B. 1) Tanafjord (N. vom 70. Par. n. Br., O. vom 45. Merid.); 2) Halbinsel zwischen dem Tana- und dem Warangerfjord (N. vom 70. Par., zwischen dem 45. und 50. Merid. u. s. w.). — Auf die Frage nach den Oberflächentheilen, welche von jedem 5ten Parallel- oder Meridiankreise geschnitten wird, ist zu antworten, z. B. daß der 70. Par. n. Br. die nordskandinavischen Scheeren gleich O. vom 35. Merid. trifft; danach in der Strecke von W. nach O. den nördlichsten Theil der skandinavischen Halbinsel schneidet, den Tanafjord nordwärts und einen Theil des Warangerfjord südwärts lassend; sodann das nördliche Eismeer trifft und endlich die Waigatzinseln schneidet u. s. w.; daß das nördliche und südliche Eismeer, das östliche und westliche Festland nebst dem Indischen und Stillen Meere vom 90. bis 120. Merid. geschnitten werden: daß von N. nach S. der 90. Merid. zuerst das nördliche Eismeer trifft; darnach Nowaja Semlja, ferner das Karameer; sodann die Halbinsel zwischen dem Kara- und dem Obybusen; nachdem das Obythal (nämlich theils das eigentliche Obythal, theils das Irkutschthal); endlich das Tschuithal, das Hidukuh-Gebirge u. s. w. Sind übrigens die Fragen gut bestimmt, so findet der Antworteude die Form der Antworten leicht von selbst. Wenn nicht, so mag jeder Befragte sich bei Gelegenheit der Prüfung selbst über die Ursache davon vom Lehrer unterrichten lassen, zumal da die Prüfung sich nur auf die Sachkenntniß, aber nicht auf die Darstellungsweise bezieht.

Eine jede dieser Fragen kann allerdings, wenn man es will, auch mündlich gethan werden. Indessen bleibt es in jeder Hinsicht besser, sie schriftlich zu thun. Hauptsächlich ist es bei der mündlichen Prüfung unmöglich, die Zeit zu finden, um einen Schüler nach dem andern vornehmen zu können. Durch die schriftliche Prüfung erhält zugleich der Antwortende die zum Antworten nöthige Zeit, und braucht also nicht sich zu übereilen, sowie auch die Verwirrung des Schülers vermieden wird, welche so häufig durch des Examinators nicht hinreichend deutliche Art zu fragen, oder durch dessen ungeduldiges Erwarten der Antworten zu entstehen pflegt.

Bezweifelt man die Möglichkeit so vieler Korollarkenntniß, so bedenke man nur, daß, wer ohne andere

Hülfe, als Gedächtniß und Einbildungskraft, eine gegebene Erdkarte gezeichnet und beschrieben hat, auch im Stande sein muß, ohne dieselbe jede Aufgabe zu lösen, welche mit derselben gelöst werden kann. Im Uebrigen appellirt der Verfasser an die Erfahrung, indem er es einem Jeden überläßt, welcher an der Möglichkeit der angegebenen Resultate, sie mögen von dieser oder jener Art sein, zweifelt, sich durch in vorgeschriebener Ordnung angestellte Versuche von ihrer Wirklichkeit zu überzeugen.

Was nun die Konstruktionsbeschreibung der übrigen Abtheilungen betrifft, so ist auch bei diesen überall von den Küsten auszugehen, so daß also auch jede derselben, z. B. die geognostische, pflanzengeographische u. s. w. in zwei Kapitel zerfällt, von denen das erste gleichsam eine Küstenbeschreibung, das andere eine Oberflächenbeschreibung giebt, d. h. von denen das erste sich mit der Konstruktion der in der Umgränzung der Festländer oder Inseln abzumarkenden Erscheinungen befaßt, das andere dieselben von den Umgränzungen aus ins Innere konstruirt. Durch den ersten und letzten §. jedes Kapitels wird dann ferner diese überall wiederkehrende Küsten- und Oberflächenbeschreibung Erdhalbe für Erdhalbe in einzelnen Stükken ausgeführt. Auch soll in jedem Stücke, nach dem Muster der gegenwärtigen Abtheilung, das erste Moment von synthetischer das andere von analytischer Form sein. Leicht ist klar, daß die erwähnte Trennung einer Küsten- und Oberflächenbeschreibung bei der historischen Abtheilung weder nöthig noch möglich ist.

Bei dieser geschichtlichen Raum- und Zeitkonstruktion kann und soll, durch die sowohl synthetische als analytische Form der erwähnten Abtheilung die Trennung derselben so beobachtet werden, daß die Konstruktion der erstern auf geographischer, die der letztern auf kronologischer Konstruktionstafel mit Leichtigkeit bewerkstelligt werden kann. Zu dem Ende muß der historischen Konstruktionsbeschreibung eine nicht nur geometrisch sondern auch kronometrisch konstruirte Tafel beigefügt werden, deren Konstruktion aus meridianähnlichen Säkularlinien, die von längern und kürzern Parallellinien geschnitten sind, besteht. Wenn alsdann durch die auf beiden Seiten der mittleren Säkularlinie der Tafel vorkommenden Zwischenräume der Säkularlinien die Jahrhunderte vor und nach Christi Geburt, so wie durch die Endpunkte der Parallellinien die Zeit des Anfangs und des Endes der besondern Staaten bezeichnet werden, so ist klar, daß, zur Darstellung des historiographischen Zeitbildes, es sei der Erde oder einzelner Staaten, nichts weiter nöthig ist, als mittels konventioneller Zeichen für besondere historische Thatsachen, z. B. für Dynastieveränderungen, Regentenwechsel, Anfang und Ende eines Krieges, Erweiterung oder Verkleinerung des Staatsgebiets, Zunahme oder Abnahme der Bevölkerung, Aenderung des Systems der Staatsverfassung und Staatsverwaltung m. m., die konstruktiven Angaben der historischen Abtheilung sowohl unter den gehörigen Staatslinien als innerhalb der gehörigen Säkularräume aufzuführen. Und ebenso ergiebt sich, daß, zur Darstellung des historisch-geographischen Raumbildes der Erde und der verschiedenen Staaten, während einer gegebenen Zeitperiode, die konstruktiven Raumangaben der historischen Abtheilung auf den physischen Hemisphärkarten so niedergelegt werden müssen, daß dadurch, für diese Periode, nicht allein Gränzen, Volksmenge, Staatsverfassung jedes angegebenen Staats u. s. w., sondern auch der Raum angegebener und im Laufe derselben Zeit vorgefallener Kriegszüge, Schlachten, Friedensschlüsse, Entdeckungen und Entdeckungsreisen u. s. w. auf dienliche Weise bezeichnet werden. Von selbst versteht es sich, daß für Entdeckungen und Erfindungen, für Aufkommen von Wissenschaften und Künsten, Geburts- und Sterbejahr von Gelehrten, Staatsmännern, Künstlern u. s. w. sich ebenfalls besondere Parallellinien auf der kronologischen Konstruktionstafel finden müssen, durch welche nur die Zeit wann, aber nicht der Staat, in welchem ein Gelehrter, Staatsmann u. s. w. gelebt und gewirkt hat, angezeigt wird.

Hieraus ist leicht zu ersehen, daß durch das erste Kapitel der historischen Abtheilung die Staaten vor, durch das letztere die nach Christi Geburt beschrieben werden müssen. Durch jedes Kapitels ersten §. müssen zuerst die Entstehungszeit und Dauer, sodann die Natur jedes betreffenden Staates, während der ersten Bildungs- oder gleichsam Kindheitsperiode, stückweise angegeben werden, durch den letzten §. aber die Natur während der darauf folgenden Perioden. Natürlich muß, da in Folge der Form sämmtlicher ersten und zweiten Momente, die Kenntniß und Fertigkeit entstehen muß, historische sowohl Raum- als Zeitkarten, d. h. theils politische und eigentlich sogenannte historische Karten, theils sogenannte chronologische Tabellen, aus dem Gedächtniß zu konstruiren, die fragliche Abtheilung nicht allein wie jede vorhergenannte, in zwei Kapitel, jedes Kapitel in zwei §§., jeder §. in besondere Stücke, und jedes Stück in zwei Momente zerfallen, sondern die Abtheilung muß auch von einer geographischen und einer kronologischen Konstruktionstafel, so wie nicht weniger von einer historischen Vorlegekarte nebst kronologischer Vorlegetabelle begleitet werden, deren zwei sei es getrennte, sei es zusammenhängende Hälften durch die Konstruktion und die Zeichenerklärung ausweisen, auf welche Weise das historiographische Zeitbild der Erde dargestellt werden muß. In der Konstruktion und Zeichenerklärung der historischen Vorlegekarte soll, wie leicht zu erkennen, der Prototyp für die Art und Weise der Konstruktion des historischen Erdbildes enthalten sein. Hiernach möchte es vielleicht überflüssig sein, noch besonders hinzuzufügen, daß eine jede fernere Abtheilung ihre besondern Vorlegekarten erhalten muß, so daß mithin die Konstruktion des Erdbildes nicht allein in physisch- und historisch-geographischer, sondern auch in geognostischer, klimatologischer, pflanzen- und thiergeographischer; Hinsicht u. s. w. prototypisirt wird. Ebenso versteht sich von selbst, daß die Art der Prüfung für die Kenntniß der physisch-geographischen Erscheinungen mutatis mutandis für jeden anderen Theil der fraglichen geographischen Kenntniß gilt.

Können die Gegenstände, auf welche sich die Aufgaben einer Abtheilung beziehen, nicht durch Karten hinlänglich anschaulich gemacht werden, so muß das Bild derselben durch eigene Abbildungen, oder, sofern dies nicht genügt, durch Vorzeigungen in Natura dargestellt werden. Der geognostischen Abtheilung muß deshalb, außer Karten und Abbildungen, auch ein portatives Mineralienkabinet in Form eines Farbenkästchens beigefügt werden, kleinere Probestücke von verschiedenen Erd-, Stein- und Metallarten enthaltend. Aus demselben Grunde muß die gewächs- und thiergeographische Abtheilung, theils von pflanzen- und thiergeographischen Karten, theils von Abbildungen begleitet werden, auf welchen letztern verschiedene Arten von Gewächsen und Thieren dargestellt sind. Für die physische, politische und historische Schematisation reichen die Karten hin, zumal da der Begriff von Fluß, Insel, Halbinsel, Meridian, Parallele, Staatsgränze u. s. w. durch einzelne Beispiele, wie Donau und Rhein, Inseln England und Irland, Halbinseln Jütland und Yucatan u. s. w. schon hinlänglich schematisirt ist.

Auf eine oder die andere Schematisation dieser Art müssen die Vorbegriffe einer jeden Abtheilung sich stützen, um in der größten Kürze und lediglich durch eine dem ersten Kapitel vorangehenden Note *), mitgetheilt werden zu können. Für den konstruktiven Zweck ist es hinlänglich, durch Monstration zu definiren. Kann z. B. auf der physischen Karte Land von Wasser, Insel von Halbinsel, Thal von Höhenstrecke, Meridian- von Parallelkreis, Nord von Süd u. s. w. unterschieden warden, so reicht die Vorkenntniß für die physische Konstruktion hin. Eben so hinlänglich ist auch die Vorkenntniß für die minerographische Konstruktion, wenn durch Kenntniß der angenommenen Bezeichnung oder Illumination Regionen süßer Gewässer von denen salziger oder mineralischer, Granitregionen von den Sand- und Kalksteinregionen u. s. w.

*) Vergleiche die Note, welche dem ersten Kapitel der gegenwärtigen Abtheilung S. 1 u. f. vorangeht.

unterschieden werden können. Daß demungeachtet die Probestücke der diese Regionen ausmachenden verschiedenen Erd-, Stein- und Metallarten bei dem Mittheilen der Vorbegriffe vom Lehrer vorgezeigt werden müssen, z. B. Probestücken von Gneis, Glimmerschiefer, Trapp, Porphyr, Thon, Talk u. s. w., ist von selbst klar. Nicht weniger klar ist, daß die mathematisch-geographischen Begriffe eigentlich vom Lehrer mit Hülfe des Globus rationalisirt werden müssen.

Hiermit hat der Verfasser Alles gesagt, was er zur Verständigung derer, die sein Buch benutzen möchten, für unerläßlich hielt, und zugleich angedeutet, auf welche Weise das demselben zum Grunde liegende eigenthümliche Princip für eine weitere Fortsetzung des geographischen Unterrichts verwandt werden kann. Bei der ihm durch den Zweck dieses Buchs, als eines Schulbuches, auferlegten Verpflichtung der Raumersparniß war ihm die Gelegenheit benommen, sich über diese Fortsetzungen so auszusprechen, wie es für die Sache wohl gut gewesen wäre. Das Geschäft, dieses erschöpfend zu thun, um zugleich die philosophische Begründung der ihn leitenden pädagogischen und didaktischen Ansicht zu geben, behält er sich für eine besondere Schrift vor, welche die Einleitung zu einem allgemeinen Lehrbuche ausmachen und als solche eine allgemeine Methodenlehre enthalten soll. Bis dahin muß er auch die Widerlegung der Abwehr und Einwürfe aufsparen, welche ihm, sei es in Beziehung auf seine Methode im Allgemeinen, sei es auf die besondere Anwendung derselben, gemacht werden dürften. In specieller Hinsicht auf gegenwärtige erste Abtheilung, für welche der Verfasser, bei dem vorgedruckten für ihn so ehrenvollen Gutachten

Carl Ritters wohl kaum die Veranlassung finden könnte, in die Schranken zu treten, will er übrigens hier doch soviel sagen: — Er hat auf die Ausbildung der Form, zu der Entwickelung, in der sie jetzt in den beiden Momenten erscheint, eine Zeit von fünf Jahren verwandt. Vielleicht möchte ein anderer dieselbe Arbeit in fünf Wochen ausgeführt haben — es mag sein — der Verfasser hat dazu fünf Jahre gebraucht, und glaubt deshalb wohl von denen, welchen es um die Verbesserung des Unterrichtswesens redlich zu thun ist-erwarten zu können, daß sie gegenwärtiges Lehrbuch nicht wegen seiner für bisherige Gewohnheit fremdartigen Erscheinung verwerfen werden, ehe sie die Resultate seiner Eigenthümlichkeit geprüft haben. Diese Form desselben, den Geist der Methode aussprechend, ist denn auch das einzige, worauf der Verfasser hier besondern Werth legt, und was er in jeder Rücksicht vertritt. Der Inhalt, mit welchem, als, nach langen durch die Herstellung der Karten veranlaßten Verzögerungen, der Verfasser endlich an die Ausführung schreiten konnte, im Verlaufe von 6 Wochen diese Form ausgefüllt wurde, mag, obschon der Verfasser denselben für nicht schlechter hält, als den sehr vieler andern Lehrbücher, in gar mancher Hinsicht mangelhaft sein und der Verbesserungen bedürfen, die ihm aber auch nicht einen Augenblick fehlen werden, sobald der dem Verfasser bewußte didaktische Werth der Methode nur in einer gewissen Allgemeinheit anerkannt sein wird.

Physische Erdbeschreibung. *)

Erstes Kapitel.
Küstenbeschreibung.

§. 1.
Küstenbeschreibung des östlichen Festlandes und der Inseln der östlichen Halbkugel.

Erstes Stück.

Moment 1.

Bestimme auf der Konstruktionstafel — um den ersten Entwurf zur Küstenkonstruktion zu bilden — folgende Punkte:

1) Kap Nordost (S. vom 80sten Parallelkreise n. Br., zwischen dem 120sten und 125sten Merid.); 2) Südwestlichster Punkt des Karabusens (S. vom 70. Par.; W. vom 90. Merid.); — 3) Nordkyn (N. vom 70. Par.; gleich O. vom 45. Merid.); — 4) Stadtland (zwischen dem 60. und 65. Par., 20. und 25. Merid.); — 5) Kap Falsterbo (gleich N. vom 55. Par.; gleich O. vom 30. Merid.); — 6) Tor-

*) Es sind hier folgende Vorbegriffe vorauszuschicken:

1. Jeder innerhalb der auf den Karten bezeichneten Bildgränzen gelegene Raum macht einen erhöhten, und jeder außerhalb, einen nicht erhöhten; so wie jeder erhöhte Raum einen Land- und Landwasserraum, und jeder nicht erhöhte einen Meer- oder Meerwasserraum aus.

2. Jeden Land- und Landwasserraum, zusammengenommen und im Allgemeinen, nennen wir Inselraum; jeder der zwei größten Inselräume heißt Festland (Landveste, Kontinent); jeder kleinere und isolirte Inselraum: Insel, Eiland, Scheere, Klippe u. s. w.; jede Sammlung von Inseln, Eilanden, Scheeren und Klippen: Inselgruppe, Archipel, Scheeren; jede Gränze des Inselraums gegen den Meerraum: Küste; jeder von einer hinausragenden Küstenstrecke

neamündung (zwischen dem 65. Par. und dem nördlichen Polarkreis, so wie dem 40. und 45. Merid.); — 7) Kap Bruster (ungefähr auf dem 55. Par.; zwischen dem 35. und 40. Merid.); — 8) Die Travemündung (S. vom 55. Par., zwischen dem 25. und 30. Merid.); 9) Kap Skager (zwischen dem 55. und 60. Par., und zwischen dem 25. und 30. Merid.); — 10) Kap Finisterre (S. vom 45. Par.; W. vom 10. Merid.); — 11) Kap Europa (N. vom 35. Par., O. vom 10. Merid.); — 12) Busen von Triest

---

begränzte Raum: Halbinselraum, und jeder Halbinselraum entweder Halbinsel, Landspitze oder Landzunge u. s. w.; jeder kleinere und schmälere Landraum, welcher größere und breitere verbindet: Landenge (Isthmus); der äußerste Punkt jedes Halbinselraums: Vorgebirge (Kap), so wie jeder größte Meerraum: Weltmeer (Ocean), jeder kleinere und breitere: ein Meer oder eine See; jeder kleinere und schmälere: Meerenge oder Kanal; jeder noch kleinere und schmälere: Straße, und jeder zwischen Halbinselräume hineingreifende Meerraum: Busen, Bucht oder Bay u. s. w.

3. Jeder innerhalb einer Insel- oder Festlandsküste am Tage liegende (die Oberfläche bildende) Raum, zusammengenommen, heißt Land oder Landfläche, und jeder außerhalb liegende: Meer oder Meeresfläche; jede über die Meeresfläche am wenigsten erhöhte Landfläche: Küsten- oder Tiefland, und jede am meisten erhöhte: Hochland; alles zwischen dem Küsten- und Hochland liegende Land: Binnenland, und alles stufenweise emporsteigende Land: Terrassen- oder Stufenland; alles breitere und mehr oder weniger wagerecht liegende Hoch- oder Binnenland: Hochebene (Plateau); alles weniger ausgedehnte und in mehr oder minder auffallendem Grade aufsteigende: Gebirg oder Gebirgsmasse; alles in die Länge gestreckte, sei es isolirtes oder zusammenhangendes, Gebirg: Gebirgskette, Gebirgszug; jeder nicht sehr ausgedehnte, in oder über einem Gebirge oder einer Gebirgskette sich erhebende Gebirgstheil: Bergmasse, Berg; jeder spitzig aufsteigende Berg: Pik; jeder gerundete Berg: Kuppe, Koppe u. s. w. Alles von erhöhtem Landraume eingeschlossene Land: Thalland, Thalraum; alles schmälere Thalland: Thal; alles breitere und ausgedehntere: Becken (Bassin); alles rund geschlossene: Kessel, Mulde u. s. w. Jeder ein Meergewässer einschließende ausgedehnte Thalraum: Meeresbecken; alles wagerecht liegende größere Landwasser: ein See, Landsee, Binnensee oder Binnenmeer; alles nicht wagerecht liegende Landwasser: Fluß, Strom, Bach u. s. w.; jeder gegen Meerwasser abfließende Binnensee: offener, und jeder nicht abfließende: geschlossener See oder Steppensee; jeder entweder gegen ein Meer oder einen Landsee unmittelbar abfließende Fluß: Hauptfluß (Strom), und jeder nicht unmittelbar abfließende: Nebenfluß; jeder vom Hauptfluß unmittelbar aufgenommene Nebenfluß: Nebenfluß erster Ordnung; jeder von diesem unmittelbar aufgenommene: Nebenfluß zweiter Ordnung u. s. w. Jeder Flußursprung: Flußquelle; jeder Flußaus-

(N. vom 45 Par.; O. vom 30. Merid.); — 13) Skanderunbusen (N. vom 35. Par.; W. vom 55. Merid.); — 14) Sichormündung (N. vom 30. Par.; zwischen 50. und 55. Merid.); — 15) Kap Spartel (N. vom 35. Par.; O. vom 10. Merid.); — 16) Kap Verd (ungefähr auf dem 15. Par.; gleich O. vom Merid. von Ferro); — 17) Kreuzbusen (N. vom 5. Par. n. Br.; O. vom 25. Merid.); — 18) Vorgebirge der Guten Hoffnung (N. vom 35. Par. s. Br.; gleich O. vom 35. Merid.); — 19) Kap Guardafui (N.

---

lauf: Flußmündung; jede rechts vom Ursprunge liegende Flußseite: rechtes Flußufer, jede links liegende: linkes Flußufer; die, sämmtliche Gewässer innerhalb eines Insel- oder Festlandraumes theilende Höhenstrecke, sei sie ein Gebirgzug oder nicht: Hauptwasserscheide; jede, nicht alle theilende, und mehr oder weniger ersichtlich, entweder unmittelbar oder mittelbar von der Hauptwasserscheide ausgehende: Nebenwasserscheide; jede niedrigere mit der Haupt- oder Nebenwasserscheide in geringer Entfernung gleichlaufende Höhenstrecke: Vorberge, und jede queer über Höhenstrecken laufende Senkung: Sattel, Paß oder Pforte u. s. w.

4. Die auf der Konstruktionstafel und den Globkarten zusammenlaufenden Linien heißen Meridiane (Mittagslinien), und die nicht zusammenlaufenden: Parallellinien (Parallelen), so wie die auf dem Erdglobus den fraglichen Linien entsprechenden Kreise, Meridiankreise und Parallelkreise.

5. Liegen die Karten richtig vor dem Betrachtenden, so hat Alles oberhalb einer gegebenen Parallellinie eine von derselben nördliche Lage, und Alles unterhalb, eine südliche; so wie Alles rechts von einem gegebenen Meridian eine östliche, und Alles links eine westliche.

6. Die Nullparallele heißt Aequator (Gleicher), und der Nullmeridian: erster Meridian (erste Mittagslinie).

7. Alles nördlich vom Aequator liegt auf der nördlichen Halbkugel (nördlichen Hemisphäre), und Alles südlich von demselben, auf der südlichen Halbkugel (südlichen Hemisphäre), so wie Alles östlich vom ersten und westlich vom 180sten Meridian auf der östlichen Halbkugel (östlichen Hemisphäre), und Alles westlich vom ersten und östlich vom 180sten Meridian auf der westlichen Halbkugel (westlichen Hemisphäre).

8. Alles innerhalb der nördlichen Halbkugel hat nördliche, und Alles innerhalb der südlichen: südliche Breite; so wie Alles innerhalb der östlichen Halbkugel: östliche, und Alles innerhalb der westlichen: entweder westliche, oder, nach unserer Art zu zählen, ebenfalls östliche Länge.

9. Von den nicht nummerirten Parallelkreisen heißt a) der zwischen der 20sten und 25sten Parallele nördlicher Breite gelegene: nördlicher Wendekreis; b) der zwischen der 20sten und 25sten Parallele südlicher Breite: südlicher Wendekreis; c) der zwischen der 65sten und 70sten Parallele nördlicher Breite: nördlicher Polar-

vom 10. Par. n. Br.; gleich W. vom 70. Merid.); — 20) Der westlichste Punkt des Adenbusens (N. vom 10. Par.; gleich O vom 60. Merid.); — 21) Suezbusen (gleich N. vom 30. Par.; 50. Merid.); — 22) Meerenge Bab el Mandeb (zwischen dem 10. und 15. Par.; O. vom 60. Merid.); — 23) Kap Ras el Gat (S. vom nördlichen Wendkreise; zwischen dem 75. und 80. Merid.); — 24) Euphratmündung (ungefähr im 30. Par. und gleich O. vom 65. Merid.); — 25) Kutschbusen (im nördlichen Wendkreis und gleich W. vom

---

kreis, und d) der zwischen der 65sten und 70sten Parallele südlicher Breite: südlicher Polarkreis; der nördlichste Punkt vom Aequator aus: Nordpol, der südlichste: Südpol.

10. Die Größe der Länge und Breite wird durch Grade, Minuten und Sekunden bestimmt, indem jeder Meridian oder Parallelkreis in 360 gleich große Theile oder Grade, jeder Grad in 60 gleich große Theile oder Minuten, und jede Minute in 60 gleiche Theile oder Sekunden getheilt wird.

11. Die Anzahl der Grade, Minuten und Sekunden wird bei Bestimmung der Länge vom ersten Meridian, und bei Bestimmung der Breite vom Aequator gerechnet; ferner, da die Breite, wie gewöhnlich, nordwärts und südwärts nach den Polen zu gezählt wird, so muß die höchste in Graden, Minuten und Sekunden bestimmbare Längengröße aus 359 Graden 59 Minuten und 59 Sekunden östlicher Länge, so wie die höchste Breitengröße aus 90 Graden nördlicher und südlicher Breite bestehen.

12. Da die Länge durch die Entfernung vom ersten Meridiane, und die Breite durch die Entfernung vom Aequator bestimmt wird, so hat Alles auf dem ersten Meridian liegende Keine oder Nulllänge, und Alles auf dem Aequator, keine oder Nullbreite; ferner muß, da jeder Meridian als der erste angenommen werden kann, die absolute Nulllänge nur da eintreffen, wo ein Abstand vom Meridian nicht möglich ist, mithin nur in den Polen.

13. Wenn die Erde als kugelrund (sphärisch) betrachtet wird, muß jeder Aequators- oder Meridiansgrad von derselben Größe sein, und der Grad auf dem Aequator wird enthalten:

deutsche oder geographische Meilen .	15
Seemeilen	20
französische Meilen (lieues) . . .	25
italienische Meilen	60
englische Meilen, ungefähr . . .	69
russische Meilen oder Werste . . .	104.

14. Die Größe der Grade der Parallelkreise nimmt nach Maßgabe der Entfernung vom Aequator ab, und es besteht, nördlich und südlich vom Aequator, der Grad

des 10ten	Parallelkreises	aus	14,771 geogr. M.
des 20sten	—	—	14,095
des 30sten	—	—	12,990
des 40sten	—	—	11,491

90. Merid.); — 26) Kap Comorin (S. vom 10. Par.; ungefähr auf dem 95. Merid.); — 27) Mittelste Gangesmündung (zwischen dem 20. Par. und dem nördlicheu Wendkreis; zwischen dem 105. und 110. Merid.); — 28) Kap Romania (N. vom Aequator; gleich W. vom 125. Merid.); — 29) Kap Clonard (ungefähr 35. Par. n. Br.; zwischen 145. und 150. Merid.); — 30) Pentschinamündung (N. vom 60. Par.; gleich W. vom 180. Merid.); — 31) Kap Lopatka (N. vom 50. Par.; gleich W. vom 175. Merid.); —

---

des 50sten Parallelkreises aus		....	9,642
des 60sten	—	—	7,500
des 70sten	—	—	5,130
des 80sten	—	—	2,605.

15. Wegen der kugelförmigen Gestalt der Erde können die Erdgegenstände nur auf dem Globus, folglich nicht auf einer Karte mit vollkommener Wahrheit abgebildet werden; so wie auf den hieher gehörenden Globkarten die Größe der Gegenstände, nach Maßgabe der Entfernung vom Schneidepunkte des Mittel=Meridians und des Aequators, über das richtige Verhältniß zunimmt.

16. Wenn die Konstruktionstafel richtig gelegt ist, heißt jede Linie, welche: a) aufwärts und in Meridianrichtung gezogen wird: nach Norden oder nördlich (nordwärts) gezogen; b) niederwärts und in Meridianrichtung: nach Süden (südlich, südwärts); c) rechts und in Parallelrichtung: nach Osten (östlich, ostwärts); d) links und in Parallelrichtung: nach Westen (westlich, westwärts) gezogen; ferner jede Linie, welche gezogen wird mitten zwischen: e) Nord und Ost: nach Nordost; f) Nord und West: nach Nordwest; g) Süd und Ost: nach Südost; h) Süd und West: nach Südwest; i) Nord und Nordost: nach Nordnordost; k) Nordost und Ost: Ostnordost; l) Ost und Südost: nach Ostsüdost; m) Südost und Süd: nach Südsüdost; n) Süd und Südwest: nach Südsüdwest; o) Südwest und West: nach Westsüdwest; p) West und Nordwest: nach Westnordwest; q) Nordwest und Nord: nach Nordnordwest.

17. Nord wird mit N; Süd mit S; Ost mit O; West mit W; Nordost mit NO; Nordwest mit NW; Südost mit SO; Südwest mit SW; Nordnordost mit NNO; Ostnordost mit ONO; Nordnordwest mit NNW; Westnordwest mit WNW; Südsüdost mit SSO; Ostsüdost mit OSO; Südsüdwest mit SSW und Westsüdwest mit WSW bezeichnet; so wie Parallele mit Par., Meridian mit Merid.; nördliche Breite mit n. B., südliche Breite mit s. B.; Grad mit (°), Minute mit (′) und Sekunde mit (″); — z. B. 25 Grade, 25 Minuten und 25 Sekunden mit 25°, 25′, 25″.

Anmerkung. Obenstehende propädeutische Angaben müssen von den Lehrern, sofern es nöthig ist, an den Karten erläutert, und nachher nach Umständen weiter entwickelt und in ihren Gründen erklärt werden. (Siehe hierüber ein Weiteres in der Vorrede.)

32) Kap Kronotskoi (gleich S. vom 55. Par.; auf dem 180. Merid.); — 33) Ostkap (zwischen dem 65. Par. und dem nördlichen Polarkreis; dem 205. und 210. Merid.); — 34) Kolymamündung (gleich S. vom 70. Par.; auf dem 180. Merid.) *).

Anmerkung 1. Während der ersten Lesung des Moments müssen blos die Punkte auf der Karte aufgesucht, aber nicht auf der Konstruktionstafel aufgesetzt werden. Die Aufsuchung muß Angabe für Angabe geschehen; mithin nicht für mehr als eine auf einmal. Für jeden Punkt muß die gefundene Breiten- und Längenlage genau betrachtet werden, so daß die Kenntniß, welche davon durch das Buch im Allgemeinen erworben worden ist (z. B. die, daß Kap Nordost zwischen dem 75. und 80. Par. liegt), durch die Karte näher bestimmt wird (d. h. daß Kap Nordost näher an dem 75. als dem 80. Par. liegt). Geschieht dies, so folgt, daß bei der zweiten Lesung, da die Punkte nun zugleich aufgesetzt werden müssen, mehrere derselben, ohne weitere Wiederholung, ganz und gar aus dem Gedächtniß aufgesetzt werden können. Jedesmal, wo dies geschieht, muß die aufgesetzte Lage des Punktes auf der Konstruktionstafel sogleich mit dessen Lage auf der Karte verglichen werden, so daß Berichtigung, falls solche erfordert wird, im Augenblick statt finden kann, und somit eine falsche Kenntniß verhindert wird, in dem Gedächtniß und der Einbildungskraft Wurzel zu fassen. Hat die Aufsetzung mit Genauigkeit statt gefunden, so müssen die Punkte durch gerade Linien und in der Ordnung, in welcher sie aufgesetzt sind, verbunden werden. Um der Deutlichkeit willen muß die Punktsetzung mit Kreuzzeichen geschehen und die Verbindungslinien müssen gerade gezogen werden. Es versteht sich von selbst, daß das Moment sowohl bei der ersten als der zweiten Lesung nach Belieben getheilt werden kann.

Anmerkung 2. Nachdem eine größere oder kleinere Anzahl von Punkten aufgesetzt und verbunden worden, müssen dieselben, nach Vorschrift des folgenden Moments eingeprägt werden. Bei Einprägung der Namen muß das Namenverzeichniß des Moments nur für die Punkte in Anspruch genommen werden, deren Namen nach der ersten und zweiten Lesung vergessen, oder zu denen neue Namen in dem Verzeichniß hinzugefügt worden sind; d. h. die Einprägung muß mit dem Auge auf der Karte und nur im Fall der Noth mit

*) Wobei zu bemerken, daß die Konstruktionspunkte Kap Kronotskoi und die Kolymamündung auch auf den Null-Meridian gesetzt werden müssen, um mit dem Ostkap verbunden werden zu können.

Benutzung des Buches geschehen. Was die Lage betrifft, so ist von selbst klar, daß diese nie anders als auf der Karte eingeprägt werden kann.

Moment 2.

Merke der Konstruktionspunkte:

A. **Namen.**

1) Kap Nordost (Kap Sewere oder Sewerowostoknoi); 2) Karabusen (den südwestlichsten Punkt); 3) Nordkyn; 4) Stadtland (Stadtudden); 5) Kap Falsterbo (Falsterboref); 6) Torneämündung; 7) Kap Bruster (Brusterort); 8) Travemündung; 9) Kap Skager (Skagerudden); 10) Kap Finisterre; 11) Kap Europa (Punta de Europa, auch Kap Tarifa genannt); 12) Busen von Triest; 13) Skandarunbusen; 14) Sichormündung; 15) Kap Spartel; 16) Kap Verd; 17) Kreuzflußmündung; 18) Vorgebirge der Guten Hoffnung; 19) Kap Guardafui; 20) Adenbusen (westlichster Punkt); 21) Suezbusen; 22) Meerenge Bab el Mandel; 23) Kap Ras el Gat (Ras el Hat); 24) Euphratmündung; 25) Kutschbusen; 26) Kap Comorin; 27) Gangesmündung (die mittelste); 28) Kap Romania; 29) Kap Clonard; 30) Pentschinamündung; 31) Kap Lopatkaj; 32) Kap Kronotskoi; 33) Ostkap; 34) Kolymmündung.

B. **Lage.**

1. Unbestimmte. Z. B. daß von Kap Nordost die Küste: a) nach Südwest an den Karabusen; b) nach Westnordwest nach Nordkyn u. s. w. geht *).

2. Bestimmte.

a) Breitenlage, z. B. daß Kap Nordost S. vom 80. Par. n. Br.; der Karabusen S. vom 70. liegt u. s. w.

b) Längenlage, z. B. daß Kap Nordost zwischen dem 120. und 125. Merid.; der Karabusen auf dem 85. liegt u. s. w.

c) Breiten- und Längenlage zugleich, z. B. daß Kap Nordost S. vom 80. Par. zwischen dem 120. und 125. Merid.; der Karabusen S. vom 70. Par. auf dem 85. Merid. liegt u. s. w. *)

---

*) Konstruire aus dem Gedächtniß (Siehe hiervon weiter Anmerkung 1. und 2. S. 6).

Anmerkung. Es ist nicht außer Acht zu lassen, daß das Einprägen streng nach Vorschrift dieses zweiten Moments geschehen muß, d. h. daß Namen und Lage, unbestimmte und bestimmte, so wie Breiten= und Längenlage nicht zugleich, sondern einzeln nach einander gelernt werden müssen. Diese Anmerkung gilt für jedes Moment durch das ganze Buch. Auch verweisen wir hier auf das, was wir in der Vorrede über die Trennung eines niedern und höhern Cursus in intensiver Hinsicht gesagt haben.

Zweites Stück.

Moment 1.

Bestimme, um den zweiten Entwurf zur Küstenkonstruktion des östlichen Festlandes zu bilden — folgende Konstruktionspunkte:

1) Nordkyn; — 2) Kap Orlow (N. vom nördlichen Polarkreis, W. vom 60. Merid.); — 3) Nordwestlichster Punkt des Kandalaskaja=Busens (N. vom nördlichen Polarkreis, ungefähr auf dem 50. Merid.); — 4) Onegamündung (S. vom 65. Par., gleich O. vom 55. Merid.); — 5) Kap Kanin (S. vom 70. Par., zwischen dem 60. und 65. Merid.); — 6) Südlichster Punkt des Karabusens; — 7) Kap Olsnischi (zwischen dem 70. und 75. Par., gleich O. vom 90. Merid.); — 8) Südlichster Punkt des Obybusens (im nördlichen Polarkreis, zwischen dem 95. und 100. Merid.); — 9) Kap Marol (zwischen dem 70. und 75. Par., im 100. Merid.); — 10) Biazinamündung (S. vom 75. Par., zwischen 110. und 120. Merid.); — 11) Kap Nordost; — 12) Anabaramündung)zwischen 70. und 75. Par., auf dem 130. Merid.); — 13) Mittelste Janamündung (N. vom 70. Par., W. vom 155. Merid.); — 14) Kap Swiatoi (zwischen dem 70. und 75. Par., W. vom 160. Merid.); — 15) Kolymamündung; — 16) Kap Schalatzkoi (auf dem 70. Par. und dem 190. Merid.); — 17) Ostkap; — 18) Kap Kunnen (zwischen dem nördlichen Polarkreis und dem 70. Par., dem 30. und 35. Merid.); — 19) Foldenbusen (ungefähr auf dem 65. Par., im 30. Merid.); — 20) Kap Stadtland; — 21) Lindesnäs (S. vom 60. Par., gleich W. vom 25. Merid.); — 22) Christianiabusen (gleich S. vom 60.

Par., W. vom 30. Merid.); — 23) Kap Falsterbo; — 24) Auslauf des Mälarsees (S. vom 60. Par., gleich O. vom 35. Merid.); — 25) Die Indalsmündung (zwischen dem 60. und 65. Par., gleich O. vom 35. Merid.); — 26) Die Torneåmündung; — 27) Kap Nerpes (zwischen dem 60. und 65. Par, W. vom 40. Merid.); — 28) Kap Hangó (gleich S. vom 60. Par., gleich O. vom 40. Merid.); — 29) Die Newamündung (im 60. Par., W. vom 50. Merid.); — 30) Kap Hapsal (S. vom 60. Par., O. vom 40. Merid.); — 31) Kap Bruster; — 32) Die Travemündung; — 33) Kap Skager; — 34) Die Elbemündung (S. vom 55. Par., O. vom 25. Merid.); — 35) Kap St. Mathieu (l. Säng Mathió), S. vom 50. Par., zwischen 10. und 15. Merid.; — 36) Die Adour- (l. Adur) mündung (S. vom 45. Par., O. vom 15. Merid.); — 37) Kap Finisterre; — 38) Kap Vincent (zwischen dem 35. und 40. Par., W. vom 10. Merid.); — 39) Kap Europa.

Moment 2.

Merke der Konstruktionspuncte:

A. Namen.

1) Nordkyn; 2) Kap Orlow; 3) Kandalaskaja-Busen; 4) Onegamündung; 5) Kap Kanin; 6) Karabusen; 7) Kap Olsnischi; 8) Obybusen; 9) Kap Marol; 10) Biazinamündung; 11) Kap Nordost; 12) Anabaramündung; 13) Janamündung; 14) Swiatoi Noss (Kap der Heiligen); 15) Kolymamündung; 16) Kap Schalatzkoi (Schalatzkoi Noss); 17) Ostkap; 18) Kap Kunnen; 19) Foldenbusen (Foldenfjord); 20) Kap Stadt (Stadtland, Stadtudden); 21) Kap Lindesnäs; 22) Christianiabusen (Christianiafjord); 23) Kap Falsterbo (Falsterboref); 24) Auslauf des Mälarsees; 25) Indalsmündung; 26) Torneåmündung; 27) Kap Nerpes (Nerpesudd); 28) Kap Hangó (Hangóudd); 29) Newamündung; 30) Kap Hapsal (Hapsalsudd); 31) Kap Bruster (Brusterort); 32) Travemündung; 33) Kap Skager (Skagerudd); 34) Elbemündung; 35) Kap St. Mathieu; 36) Adourmündung; 37) Kap Finisterre; 38) Kap St. Vincent; 39) Kap Europa.

B. Lage.

1. Unbestimmte. Z. B. daß von Nordkyn die Küste: a) nach S.O. bis Kap Orlow; b) nach W.S.W. bis zum nordwestlichsten Punkt des Kandalaskaja-Busens geht u. s. w. *).

2. Bestimmte.

a) Parallellage. Z. B. daß Nordkyn N. vom 70. Par., der nordwestlichste Punkt des Kandalaskajabusens N. vom nördlichen Polarkreis liegt u. s. w.

b) Meridianlage. Z. B. daß Nordkyn gleich O. vom 45. Merid., der nordwestlichste Punkt des Kandalaskajabusens ungefähr auf dem 50. Merid. liegt u. s. w.

c) Parallel- und Meridianlage. Z. B. daß Nordkyn N. vom 70. Par., gleich O. vom 45. Merid. liegt u. s. w.

*) Konstruire aus dem Gedächtniß.

Drittes Stück.

Moment 1.

Bestimme ferner:

1) Kap Gata (zwischen dem 35. und 40. Par. n. Br., gleich O. vom 15. Merid.); — 2) Kap St. Sebastian (zwischen dem 40. und 45. Par., O. vom 20. Merid.); — 3) Nördlichster Punkt des Genuesischen Busens (gleich S. vom 45. Par., O. vom 25. und 30. Merid.); — 4) Policastrobusen (ungefähr auf dem 40. Par., W. vom 35. Merid.); — 5) Kap Spartivento (zwischen dem 35. und 40. Par., W. vom 35. Merid.); — 6) Kap Leuca (gleich S. vom 40. Par., O. vom 35. Merid.); — 7) Mittelste Pomündung (ungefähr auf dem Schneidepunkt des 45. Par. und des 30. Merid.); — 8) Drinobusen (N. vom 40. Par., zwischen dem 35. und 40. Merid.); — 9) Kap Matapan (N. vom 35. Par., gleich O. vom 40. Merid.); — 10) Kap Kolonna (S. vom 40. Par. und O. vom 40. Merid.); — 11) Nördlichster Punkt des Salonichibusens (gleich N. vom 40. Par., gleich O. vom 40. Merid.); — 12) Kap Greco (gleich N. vom 40. Par., W. vom 45. Merid.); — 13) Straße von Konstantinopel (N. vom 40. Par., O. vom 45. Merid.); — 14) Dniestermündung (N. vom 45. Par., W. vom 50. Me-

rib.); — 15) Kap Cherson (gleich S. vom 45. Par., gleich O. vom 50. Merid.); — 16) Westküste der Straße von Kaffa (gleich N. vom 45. Par., W. vom 55. Merid.); — 17) Perekopsche Landenge (N. vom 45. Par., O. vom 50. Merid.); — 18) Donmündung (zwischen dem 45. und 50. Par., O. vom 55. Merid.); — 19) Ostküste der Straße von Kaffa (der Westküste gegenüber); — 20) Rionmündung (N. vom 40. Par., gleich W. vom 60. Merid.); — 21) Straße von Konstantinopel; — 22) Kap Baba (gleich S. vom 40. Par., W. vom 45. Merid.); — 23) Kap Chrio (N. vom 35. Par., gleich O. vom 45. Merid.); — 24) Skanderunbusen; — 25) Sichormündung; — 26) Kap Sem (zwischen dem 30. und 35. Par., gleich W. vom 40. Merid.)*); — 27) Südöstlichster Punkt des Sidrabusens (gleich N. vom 30. Par., zwischen dem 35. und 40. Merid.); — 28) Kap Bon (zwischen dem 35. und 40 Par., W. vom 30. Merid.); — 29) Kap Spartel; — 30) Kap Sabi (S. vom 30. Par., ungefähr im 5. Merid.); — 31) Kap Blanco (N. vom 20. Par., gleich O. vom Ferro-Meridian); — 32) Kap Verd; — 33) Kap Palmas (gleich S. vom 5. Par. n. Br., auf dem 10. Merid.); — 34) Kreuzflußmündung; — 35) Kap Lopez (S. vom Aequator, zwischen dem 25. und 30. Merid.); — 36) Cubamündung (S. vom 10. Par. s. Br., O. vom 30. Merid.); — 37) Kap Negro (S. vom 15. Par., gleich W. vom 30. Merid.); — 38) Vorgebirge der Guten Hoffnung.

Moment 2.

Merke der Konstruktionspunkte:

A. Namen.

1) Kap Gata; 2) Kap St. Sebastian; 3) Genuesischer Busen (nördlichster Punkt); 4) Policastrobusen; 5) Kap Spartivento; 6) Kap Leuca; 7) Pomündung (mittelste); 8) Drinobusen; 9) Kap Matapan; 10) Südlichster Punkt der Halbinsel Attika; 11) Salonichibusen (nördlichster Punkt); 12) Kap Greco; 13) Straße von Konstantinopel (westliche Küste); 14) Dniestermündung; 15) Kap Cherson; 16) Straße von Kaffa (Straße von Jenikale), (die westliche Küste); 17) Perekopsche Landenge; 18) Donmündung; 19) Straße von Kaffa (die öst-

*) Durch die Konstruktionslinie auf der Karte falsch angegeben.

lichste Küste); 20) Rionmündung; 21) Straße von Konstantinopel (die östliche Küste); 22) Kap Baba; 23) Kap Chrio; 24) Sichormündung; 25) Skanderunbusen; 26) Kap Sem (Ras el Sem); 27) Sidrabusen (südöstlichster Punkt); 28) Kap Bon; 29) Kap Spartel; 30) Kap Sabi; 31) Kap Blanco; 32) Kap Verd; 33) Kap Palmas; 34) Kreuzflußmündung; 35) Kap Lopez (Kap Lopez Gonzalvo); 36) Cubamündung; 37) Kap Negro; 38) Vorgebirge der Guten Hoffnung.

B. Lage.

1. Unbestimmte. Z. B. daß vom Kap Europa die Küste a) nach O.N.O. zum Kap Gata; b) nach N.O. zum Kap St. Sebastian geht u. s. w. *).

2. Bestimmte.

a) Parallel-Lage. Z. B. daß Kap Gata zwischen dem 35. und 40., Kap St. Sebastian zwischen dem 40. und 45. Par. liegt u. s. w.

b) Meridianlage. Z. B. daß Kap Gata gleich O. vom 15., Kap St. Sebastian gleich O. vom 20. Merid. liegt u. s. w.

c) Parallel- und Meridianlage zugleich. Z. B. daß Kap Gata zwischen dem 35. und 40. Par., gleich O. vom 15. Merid. u. s. w. *)

---

*) Konstruire aus dem Gedächtniß.

Viertes Stück.

Moment 1.

Bestimme ferner:

1) Mündung des großen Fischflusses (N. vom 35. Par., ungefähr auf dem 45. Merid.); — 2) Kap Corrientes (zwischen dem südlichen Wendekreis und dem 25. Par., W. vom 55. Merid.); — 3) Coavomündung (N. vom 10. Par. s. Br., zwischen dem 55. und 60. Merid.); — 4) Kap Guardafui; — 5) Westlichster Punkt des Adenbusens; — 6) Suezbusen; — 7) Bab el Mandel; — 8) Ras el Gat; — 9) Euphratmündung; — 10) Kutschbusen; — 11) Kap Comorin; — 12) Gangesmündungen (die mittelste); — 13) Kap Romania; — 14) Punkt N. vom 10. Par.,

W. vom 120. Merid.; — 15) Menam-Mündung (gleich S. vom 15. Par., gleich O. vom 120. Merid.); — 16) Kap Kambodscha (S. vom 10. Par., auf dem 125. Merid.); — 17) Kap Padaran (N. vom 10. Par., W. vom 130. Merid.); — 18) Sanhomündung (N. vom 20. Par., beinahe auf 125. Merid.); — 19) Punkt gleich S. vom nördlichen Wendekreis, gleich W. vom 135. Merid.; — 20) Punkt gleich N. vom 30. Par., gleich W. vom 140. Merid.; — 21) Paphomündung (gleich S. vom 40. Par., gleich O. vom 135. Merid.); — 22) Yalumündung (ungefähr auf dem 40. Par., zwischen dem 140. und 145. Merid.); — 23) Kap Korea (gleich S. vom 35. Par., gleich W. vom 145. Merid.); — 24) Kap Elonard; — 25) Punkt auf dem 40. Par., gleich O. vom 145. Merid.); — 26) Turkomündung (zwischen dem 40. und 45. Par. und dem 150. und 155. Merid.); — 27) Yaranmündung (ungefähr auf dem 50. Par., W. vom 160. Merid.); — 28) Kap Romberg (S. vom 55. Par., gleich W. vom 160. Merid.); — 29) Udamündung (ungefähr auf dem Schneidepunkt des 55. Par. und des 155. Merid.); — 30) Okotamündung (gleich S. vom 60. Par., gleich O. vom 160. Merid.); — 31) Kap Piagik (gleich S. vom 60. Par., zwischen dem 170. und 175. Merid.); — 32) Pentschinamündung; — 33) Itschamündung (N. vom 55. Par., zwischen 170. und 175. Merid.); — 34) Kap Lopatka; — 35) Kap Kronotskoi; — 36) Nördlichster Punkt des Aliutorskoi-Busens (N. vom 60. Par., gleich O. vom 185. Merid.); — 37) Kap Tschutskoi (S. vom 65. Par., ungefähr auf dem 205. Merid.); — 38) Nordwestlichster Punkt des Anadirbusens (gleich S. vom 65. Par., gleich O. vom 195. Merid.); — 39) Ostkap.

Moment 2.

Merke der Konstruktionspunkte:

A. Namen.

1) Mündung des großen Fischflusses; 2) Kap Corrientes; 3) Coavomündung; 4) Kap Guardafui; 5) Adenbusen (westlichster Punkt); 6) Suezbusen; 7) Bab el Mandel; 8) Ras el Gat; 9) Euphratmündung; 10) Kutschbusen; 11) Kap Comorin; 12) Gangesmündung (mittelste); 13) Kap Romania; 14) Punkt

N. vom 10. Par., W. vom 120. Merid.; 15) Menam-Mündung; 16) Kap Kambodscha; 17) Kap Padaran; 18) Sanhomündung; 19) Punkt S. vom nördlichen Wendekreis, W. vom 135. Merid.; 20) Punkt gleich N. vom 30. Par., gleich W. vom 140. Merid.; 21) Payhomündung; 22) Yalumündung; 23) Kap Korea; 24) Kap Elonard; 25) Punkt auf dem 40. Par., O. vom 145. Merid.; 26) Turkomündung; 27) Yaranmündung; 28) Kap Romberg; 29) Udamündung; 30) Okotamündung; 31) Kap Piagik (Piagik-Noss); 32) Pentschinamündung; 33) Itschamündung; 34) Kap Lopatka; 35) Kap Kronotskoi; 36) Busen Aliutorskoi (nördlichster Punkt); 37) Kap Tschutskoi (Tschutskoi Noss); 38) Anadirbusen (nordwestlichster Punkt); 39) Ostkap.

B. Lage.

1. Unbestimmte. Z. B. daß von dem Kap der Guten Hoffnung die Küste a) nach O.N.O. zur großen Fischflußmündung, b) nach N.O. bis zum Kap Corrientes geht u. s. w. *)

2. Bestimmte.

a) Parallel-Lage. Z. B. daß das Kap der Guten Hoffnung N. vom 35. Par. liegt u. s. w.

b) Meridianlage. Z. B. daß das Kap der Guten Hoffnung gleich O. vom 35. Merid. liegt u. s. w.

c) Parallel- und Meridianlage. Z. B. daß das Kap der Guten Hoffnung N. vom 35. Par., gleich O. vom 35. Merid. liegt u. s. w. *)

*) Konstruire aus dem Gedächtniß.

Fünftes Stück. *)

Moment 1.

Bestimme, um die Küstenkonstruktion zu vollenden, — folgende Busen, Halbinseln und Küstenstrecken:

1) Tanabusen (N. vom 70. Par.; O. vom 45. Merid.); — 2) Halbinsel zwischen dem Tana- und dem Wa-

*) Die mit diesem Stücke beginnende Korrektion des Küstenentwurfes soll nicht eine dritte Konstruktion nach Art der ersten und zweiten, sondern eine nach der auf der Karte gegebenen Vorzeichnung ge-

rangerbusen (N. vom 70. Par., zwischen dem 45. und 50. Merid.); — 3) Warangerbusen (geschnitten vom 70. Par., zwischen dem 45. und 50. Merid.); — 4) Strecke 1° zwischen dem Warangerbusen und Kap Orlow; 2° zwischen Kap Orlow und dem Kandalaskaja-Busen (gleich S. vom nördl. Polarkr. zwischen dem 50. und 55. Merid. endend); — 5) Kandalaskaja-Busen; — 6) Strecke zwischen dem Kandalaskaja- und dem Onegabusen (geschnitten vom 65. Par., zwischen dem 50. und 55. Merid.); — 7) Onegabusen (geschnitten vom 55. Merid., S. vom 65. Par.); — 8) Halbinsel zwischen dem Onega- und dem Dwinabusen (geschnitten vom 65. Par. und vom 55. Merid.); — 9) Dwinabusen (geschnitten vom 65. Par. und vom 55. 60. Merid.); — 10) Strecke zwischen dem Dwina- und dem Mesenbusen (geschnitten vom 60. Merid., zwischen dem 65. Par. und dem nördlichen Polarkreis); — 11) Mesenbusen (geschnitten vom nördlichen Polarkreis, zwischen dem 60. und 65. Merid.); — 12) Halbinsel Kanin (die vom 65. Merid., zwischen dem nördlichen Polarkreis und dem 70. Par., tangirt wird); — 13) Tscheskajabusen (geschnitten vom 65. Merid., gleichfalls zwischen dem nördlichen Polarkreis und dem 70. Par.); — 14) Halbinsel zwischen dem Tscheskaja und dem Petschorabusen (geschnitten vom 70. Merid., zwischen dem nördlichen Polarkreis und dem 70. Par.); — 15) Petschorabusen (geschnitten vom 70. Merid., zwischen dem nördlichen Polarkreis und dem 70. Par.; — 16) Strecke zwischen dem Petschora- und dem Khampurabusen

---

machte freie Ausführung der wichtigsten Biegungen der Küstenlinie sein, wobei die auf der Karte stehenden Kreuze also nicht den Zweck haben, als Konstruktionspunkte auf die Tafel gesetzt zu werden, sondern nur auf die für die Form der Küstentheile wichtigen Punkte aufmerksam zu machen, und so das Zeichnen zu erleichtern. Hier muß man sich also, wie sich von selbst versteht, mehr an die Karte halten. Das aber, was hier das Buch enthält, soll eine zusammenhangende und lückenfreie Aufzählung der für die Form der Land- wie der Meerräume als wichtig erachteten Küstentheile sein, also eine Zergliederung der Küstenlinien, durch welche deren Form zum Bewußtsein gebracht und dem Vorstellungsvermögen eingeprägt werden soll. Im Uebrigen muß man, wo die Küstenformen auf der beigegebenen Karte, wie es leider hier und da der Fall ist, undeutlich sind, — wie z. B. an der Küste der Skandinavischen Halbinsel, — seine Zuflucht zu der in der Schulstube unentbehrlichen Wandkarte nehmen.

(geschnitten vom 75. Merid., gleichfalls zwischen dem nördlichen Polarkreis und dem 70. Par.); — 17) Khampurabusen (zwischen dem 75. und 80. Merid., und dem nördlichen Polarkreis und 70. Par.); — 18) Halbinsel zwischen dem Khampura- und dem Karabusen (geschnitten vom 70. Par. und 18. Merid.); — 19) Karabusen (S. vom 70. Par. zwischen dem 85. und 90. Merid.); — 20) Halbinsel zwischen dem Kara und dem Obybusen (geschnitten vom 70. Par. und dem 90. und 95. Merid.); — 21) Obybusen (geschnitten vom 70. Par. zwischen dem 95. und 100. Merid.); — 22) Halbinsel zwischen dem Oby- und dem Tazowskajabusen (geschnitten vom 100. Merid. zwischen dem nördlichen Polarkreis und dem 70. Par.); — 23) Tazowskajabusen (geschnitten vom 100. Merid. zwischen dem nördlichen Polarkreis und dem 70. Par.); — 24) Halbinsel zwischen dem Tazowskaja- und dem Gydabusen (geschnitten vom 70. Par. und 100. Merid.); — 25) Gydabusen (N. vom 70. Par. zwischen 100. und 105. Merid.); — 26) Halbinsel zwischen dem Gyda- und dem Jeniseibusen (geschnitten gleichfalls vom 105. Merid. N. vom 70. Par.); — 27) Jeniseibusen (geschnitten vom 70. Par. zwischen dem 105. und 110. Merid.); — 28) Halbinsel zwischen dem Jenisei- und dem Biazinabusen (geschnitten vom 110. Merid., zwischen dem 70. und 75. Par.); — 29) Strecke zwischen dem Biazina- und dem Taimurabusen (geschnitten vom 75. Par. und 115. Merid.); — 30) Taimurabusen (N. vom 75. Par., zwischen dem 115. und 120. Merid.); — 31) Strecke 1° zwischen dem Taimurabusen und Kap Nordost; 2° zwischen Kap Nordost und dem Khatangabusen (welche gleich S. vom 75. Par., zwischen dem 125. und 130. Merid. endet, innerhalb welcher der Busen zwischen dem 75. und 80. Par., so wie dem 120. und 125. Merid.); — 32) Khatangabusen (geschnitten vom 125. Merid. und tangirt vom 75. Par.); — 33) Halbinsel zwischen dem Khatanga und dem Anabarabusen (S. vom 75. Par., zwischen dem 125. und 130. Merid.); — 34) Anabarabusen (geschnitten vom 130. Merid. zwischen dem 70. und 75. Par.); — 35) Strecke zwischen dem Anabarabusen und den Janamündungen, innerhalb welcher a) die Halbinsel S. vom 75. Par. zwischen dem 135. und 140. Merid.;

b) **Lenamündungen** (geschnitten vom 145. Merid. zwischen dem 70. und 75. Par.); — 36) **Janamündungen** (N. vom 70. Par., gleich W. vom 155. Merid.); — 37) **Strecke** 1° **zwischen den Janamündungen und Kap Swiatoi;** 2° **zwischen Kap Swiatoi und dem Kolymabusen;** — 38) **Kolymabusen** (geschnitten vom 70. Par. und 180. Merid.); — 39) **Strecke zwischen Kolyma- und Tschaunskajabusen** (endend S. vom 70. Par. gleich O. vom 185. Merid.); — 40) **Tschaunskaiabusen** (S. vom 70. Par., zwischen dem 185. und 190. Merid.); — 41) **Strecke zwischen dem Tschaunskaiabusen und dem Ostkap** (tangirt vom 70. Par. und geschnitten vom nördlichen Polarkreise, so wie dem 190., 195., 200. und 205. Merid.)

Moment 2.

Merke der Busen, Halbinseln und Küstenstrecken rc.:

A. Namen.

1) Tanabusen (Tanafjord); 2) Halbinsel zwischen dem Tana- und dem Warangerbusen; 3) Warangerbusen (Warangerfjörd); 4) Strecke 1° zwischen dem Warangerbusen und dem Kap Orlow; 2° zwischen Kap Orlow und dem Kandalaskaiabusen; 5) Kandalaskaiabusen; 6) Strecke zwischen dem Kandalaskaia- und dem Onegabusen; 7) Onegabusen; 8) Halbinsel zwischen dem Onega- und dem Dwinabusen; 9) Dwinabusen; 10) Strecke zwischen dem Dwina- und dem Mesenbusen; 11) Mesenbusen; 12) Halbinsel Kanin; 13) Tscheskaiabusen; 14) Halbinsel zwischen dem Tscheskaia- und dem Petschorabusen; 15) Petschorabusen; 16) Strecke zwischen dem Petschora- und dem Khampurabusen; 17) Khampurabusen; 18) Halbinsel zwischen dem Khampura- und dem Karabusen; 19) Karabusen; 20) Halbinsel zwischen dem Kara- und dem Obybusen; 21) Obybusen; 22) Halbinsel zwischen dem Oby- und dem Tazowskaiabusen; 23) Tazowskaiabusen; 24) Halbinsel zwischen dem Tazowskaia- und dem Gydabusen; 25) Gydabusen; 26) Halbinsel zwischen dem Gyda- und dem Jeniseibusen; 27) Jeniseibusen; 28) Halbinsel zwischen dem Jenisei- und dem Biazinabusen; 29) Strecke zwischen dem Biazina- und dem Taimurabusen; 30) Taimurabusen; 31) Strecke 1° zwischen dem Taimurabusen und Kap Nordost; 2° zwischen Kap Nordost und dem

Khatangabusen (innerhalb welcher der Busen zwischen dem 75. und 80. Par., so wie dem 120. und 125. Merid.); 32) Khatangabusen; 33) Halbinsel zwischen dem Khatanga- und dem Anabarabusen; 34) Anabarabusen; 35) Strecke zwischen dem Anabarabusen und den Janamündungen, innerhalb welcher a) die Halbinsel gleich S. vom 75. Par., zwischen dem 135. und 140. Merid.; b) die Lenamündungen; 36) Janamündungen; 37) Strecke 1° zwischen den Janamündungen und dem Kap Swiatoi; 2° zwischen Kap Swiatoi und dem Kolymabusen; 38) Kolymabusen; 39) Strecke zwischen Kolyma- und Tschaunskajabusen; 40) Tschaunskajabusen; 41) Strecke zwischen dem Tschaunskajabusen und Ostkap.

B. Lage.

1. Unbestimmte. Z. B. daß von Nordkyn in der Ordnung folgt: 1) Der Tanabusen; 2) Die Halbinsel zwischen dem Tana- und dem Warangerbusen u. s. w.; so wie daß von Nordkyn die Konstruktionslinien gezogen werden: a) zuerst nach S., dann N.N.O., um den Tanabusen zu bilden; b) zuerst nach S.O., dann W.S.W., um die Halbinsel zwischen dem Tana- und dem Warangerbusen zu bilden u. s. w. *).

2. Bestimmte. Z. B. daß der Tanabusen und die Halbinsel zwischen dem Tana- und dem Warangerbusen N. vom 70. Par., zwischen dem 45. und 50. Merid. liegen; daß der Warangerbusen vom 70. Par., gleichfalls zwischen dem 45. und 50. Merid., geschnitten wird u. s. w.; so wie daß um 1) den Tanabusen zu bilden die Konstruktionslinien N. vom 7. Par., O. vom 45. Merid. enden müssen; 2) die Halbinsel zwischen dem Tana- und dem Warangerbusen zu bilden, die erste Linie gleich W. vom 50., die zweite gleich O. vom 45. Merid., N. vom 70. Par. enden muß u. s. w. *).

*) Konstruire aus dem Gedächtniß.

Sechstes Stück.

Moment 1.

Bestimme ferner:

1) Larebusen (N. vom 70. Par. n. Br., gleich W. vom 45. Merid.); — Porsangerbusen (gleich W. vom Larebu-

sen); — 3) Halbinsel zwischen dem Porsanger- und dem Altenbusen; — 4) Altenbusen (dessen südlichste Spitze vom 70. Par., gleich O. vom 40. Merid. geschnitten wird; — 5) Strecke zwischen dem Altenbusen und Kap Kunnen (innerhalb welcher die Busen zwischen a) dem 35. und 40. und b) dem 30. und 35. Merid., S. vom 70. Par.); — 6) Strecke zwischen Kap Kunnen und dem Foldenbusen (geschnitten vom nördlichen Polarkreis und dem 30. Merid., so wie ein wenig vom 65. Par.) innerhalb welcher die kleinen Busen zwischen dem 65. Par. und dem nördlichen Polarkreis; — 7) Foldenbusen (geschnitten vom 65. Par. und vom 30. Merid.); — 8) Strecke 1° zwischen dem Foldenbusen und Kap Stadtland, innerhalb welcher a) der Drontheimsbusen (dessen nordöstlichste Spitze vom 30. Merid. geschnitten wird); b) der Rombalsbusen (gleich O. vom 25. Merid.); 2° zwischen Kap Stadtland und Kap Lindesnäs, innerhalb welcher a) der Waag- (l. Wog) busen (gleich S. vom Kap Stadtland); b) der Sögnebusen (zwischen dem Waagbusen dem 60. Par.); c) der Hardangerbusen (geschnitten vom 60. Par.); d) der Buckebusen (S. vom 60. Par.); e) die Strecke zwischen dem Buckebusen und Kap Lindesnäs; — 9) Strecke zwischen Kap Lindesnäs und dem Christianiabusen (endend S. vom 60. Par., zwischen dem 25. und 30. Merid.); — 10) Christianiabusen (S. vom 60. Par., W. vom 30. Merid.); — 11) Strecke 1° zwischen dem Christianiabusen und Kap Falsterbo (geschnitten vom 30. Merid.), innerhalb welcher der Halmstadt- und der kleine Kullabusen (gleich O. vom 30. Merid.); 2° zwischen Kap Falsterbo und der Hanöbucht (gleich N. vom 55. Par., O. vom 30. Merid.); — 12) Hanöbucht (N. vom 55. Par., zwischen dem 30. und 35. Merid.); — 13) Strecke zwischen der Hanöbucht und dem Brå- (l. Bro) busen (zwischen dem 55. und 60. Par., gleich W. vom 35. Merid.); — 14) Bråbusen (S. vom 60. Par., gleich W. vom 35. Merid.); — 15) Strecke zwischen dem Bråbusen und dem Ausfluß des Mälarsees; — 16) Ausfluß des Mälarsees; — 17) Strecke 1° zwischen dem Ausfluß des Mälarsees und der Dalelfmündung (welche gleich N. vom 60. Par., gleich W. vom 55. Merid. endet); 2° zwischen der Dalelf- und der Indalsmündung; 3° zwischen der

Indals- und der Torneåmündung, innerhalb welcher die Skeleftebucht (tangirt vom 65. Par., gleich W. vom 40. Merid.); 4° zwischen der Torneå- und der Uleåmündung (welche ungefähr auf 65. Par., O. vom 40. Merid.); 5° zwischen der Uleåmündung und Kap Nerpe; 6° zwischen Kap Nerpe und dem Punkt N. vom 60. Par., gleich W. vom 40. Merid.; 7° zwischen dem Punkt N. vom 60. Par., W. vom 40. Merid. und Kap Hangö; 8° zwischen Kap Hangö und dem Busen von Wiborg (welcher gleich N. vom 60. Par., zwischen 45. und 50. Merid. endet); — 18) Busen von Wiborg; — 19) Strecke 1° zwischen dem Busen von Wiborg und der Newamündung; 2° zwischen der Newamündung und dem Narowabusen (welche gleich S. vom 60. Par., gleich O. vom 45. Merid. endet); 20) Narowabusen (ebenfalls gleich S. vom 60. Par., gleich O. vom 45. Merid.); — 21) Strecke zwischen dem Narowabusen und Kap Hapsal; — 22) Esthländische Halbinsel (S. vom 60. Par., O. vom 40. Merid.); — 23) Livländischer Busen (ungefähr zwischen dem 55. und 60. Par., O. vom 40. Merid.); — 24) Kurländische Halbinsel (geschnitten vom 40. Merid., gleichfalls zwischen dem 55. u. 60. Par.); — 25) Kurisches Haff und Kurische Nehrung (gleich N. vom 55. Par., gleich W. vom 40. Merid.); — 26) Strecke zwischen der Kurischen Nehrung und Kap Bruster (geschnitten vom 55. Par., W. vom 40. Merid.); — 27) Frisches Haff und Frische Nehrung zugleich mit der Danziger Bucht (gleich S. vom 55. Par., zwischen dem 35. und 40. Merid.); — 28) Strecke zwischen der Danziger Bucht und dem Haff (S. vom 55. Par., beinahe mitten zwischen dem 30. und 35. Merid. endend); — 29) Das Haff mit der Odermündung (S. vom 55. Par., beinahe mitten zwischen dem 30. und 35. Merid.); — 30) Strecke zwischen dem Haff und der Travemündung; — 31) Holsteinische Halbinsel (gleich N. von der Travemündung); — 32) Strecke zwischen der Holsteinschen Halbinsel und Kap Skagern, innerhalb welcher a) die kleine Halbinsel S. von Skagern; b) Limbusen (zwischen der kleinen Halbinsel und Skagern); — 33) Strecke zwischen Kap Skagern und der Elbmündung, innerhalb welcher der Busen N. vom 55. Par., O. vom 25. Merid.; — 34) Elbmündung; — 35) Halbinsel zwischen der Elbe- und der Wesermündung (S. vom 55. Par., O. vom 25. Merid.); — 36) Wesermündung; — 37) Halbinsel zwischen der Wesermündung und dem Dollartbusen (S. v. vom 55. Par., geschnitten vom 25. Merid.); — 38) Dollartbusen (geschnitten vom 25. Merid., S. vom 55. Par.); — 39) Halbinsel zwischen dem Dollartbusen und der Zuydersee (l. Seudersee) S. vom 55. Par., W. vom 25. Merid.; — 40) Zuydersee (zwischen dem 50. und 55. Par., 20. und 25. Merid.); — 41) Niederländische Bucht (geschnitten vom 20. Merid., zwischen dem 50. und 55. Par.), innerhalb welcher die Rhein-, Maas- und Scheldemündungen; — 42) Boulogner- (l. Bulonjer) bucht (geschnitten vom 50. Par., W. vom 20. Merid.); — 43) Seine- (l. Sähn) mündungen (gleich S. vom 50. Par., zwischen dem 15. und 20. Merid.); — 44) Normandische Halbinsel (S. vom 50. Par., O. vom 15. Merid.); — 45) St. Malobusen (W. von der Normandischen Halbinsel, O. vom 15. Merid.); — 46) Halbinsel Bretagne (l. Bretanj) geschnitten vom 15. Merid., zwischen dem 45. und 50. Par., an deren W.Küste der Busen von Brest; — 47) Strecke zwischen der Halbinsel Bretagne- und der Garonnemündung (welche N. vom 45. Par., O. vom 15. Merid. endet); — 48) Garonnemündung (deren südöstlicher Theil gleich N. vom 45. Par. endet); — 49) Strecke 1° zwischen der Garonne- und der Adourmündung; 2° zwischen der Adourmündung und dem Kap Ortegal (S. vom 45. Par., gleich W. vom 10. Merid. endend); 3° zwischen Kap Ortegal und Kap Finisterre, innerhalb welcher der Corunnabusen; — 50) Buchten 1° zwischen Kap Finisterre und Kap Rocca (welche S. vom 40. Par., W. vom 10. Merid. endet); 2° zwischen Kap Rocca und Kap Vincent, innerhalb welcher die Tajomündung; 3° zwischen Kap Vincent und Kap Europa; 4° zwischen Kap Europa und Kap Gata; 5° zwischen Kap Gata und Kap Martin (S. vom 40. Par., zwischen 15. und 20. Merid. endend); 6° zwischen Kap Martin und Kap St. Sebastian, innerhalb welcher die Ebromündung (N. vom 40. Par.); — 51) Bucht von Lyon (S. vom 45. Par., zwischen dem 20. und 25. Merid.); — 52) Strecke zwischen der Bucht von Lyon und dem Genuesischen Busen (geschnitten vom 25. Merid., S.

vom 45. Par.); — 53) **Meerbusen von Genua** (S. vom 45. Par., zwischen dem 25. und 30. Merid.); — 54) **Strecke** 1° **zwischen dem Busen von Genua und dem 30. Merid.**; 2° **zwischen dem 30. Merid. und dem Policastrobusen** (ungefähr auf dem 40. Par., W. vom 35. Merid.), innerhalb welcher a) **Gaeta**, b) **der Neapolitanische** und c) **der Salernobusen**; — 55) **Policastrobusen**; — 56) **Calabrische Halbinsel** (tangirt vom 35. Merid., S. vom 40. Par.); — 57) **Tarantobusen** (geschnitten vom 40. Par. und dem 35. Merid.); — 58) **Halbinsel von Otranto** (ebenfalls vom 40. Par. und 35. Merid. geschnitten); — 59) **Manfredoniabusen und Manfredonische Halbinsel** (N. vom 40. Par., W. vom 35. Merid.); — 60) **Pescarabucht** (ungefähr mitten zwischen dem 40. und 45. Par., dem 30. und dem 35. Merid.); — 61) **Strecke** 1° **zwischen der Pescarabucht und den Pomündungen** (geschnitten vom 30. Merid.); 2° **zwischen den Pomündungen und dem Triesterbusen**; — 62) **Triesterbusen**; — 63) **Halbinsel Istrien** (geschnitten vom 45. Par., O. vom 30. Merid.); — 64) **Carnerobusen** (geschnitten vom 45. Par., ungefähr mitten zwischen dem 30. und 35. Merid.); — 65) **Strecke zwischen dem Carnero- und dem Drinobusen** (geschnitten vom 35. Merid., zwischen dem 40 u. 45. Par., innerhalb welcher **die kleine Halbinsel gleich O. vom 35. Merid.**; — 66) **Drinobusen**; 67) **Strecke zwischen dem Drinobusen und Kap Linguetta** (welche gleich N. vom 40. Par., zwischen dem 35. und 40. Merid. endet; — 68) **Strecke zwischen Kap Linguetta und dem Lepantobusen** (S. vom 40. Par., gleich W. vom 40. Merid. endend), innerhalb welcher der **Artabusen** (gleich N. vom Lepantobusen); — 69) **Lepantobusen** (dessen breiterer Theil, nämlich westlich vom 40. Merid, **Patrasbusen** heißt); — 70) **Halbinsel Morea** (geschnitten vom 40. Merid., S. vom Lepantobusen), innerhalb welcher: a) **die Bucht von Arkadien** (gleich S. vom Patrasbusen), b) **der Koronbusen** (geschnitten vom 40. Merid.); c) **der Kolokythiabusen** (gleich O. vom 40. Merid.); d) **der Nauplionbusen** (in der Ostküste der Halbinsel Morea); e) **die Halbinsel zwischen dem Nauplion- und dem Aeginabusen**; — 71) **Aeginabusen** (gerade dem Lepantobusen gegenüber); — 72) **Halbinsel Attika** (N. vom Aeginabusen); — 73) **Zeitun-**

busen (gerade dem Artabusen gegenüber); — 74) Salonichibusen (geschnitten vom 40. Par., gleich O. vom 40. Merid.); — 75) Casandro- und Montesantobusen (geschnitten vom 40. Par., gleich O. vom Salonichibusen); — 76) Contessabusen (gleich N. vom 40. Par., O. vom Salonichibusen); — 77) Strecke 1° zwischen dem Contessabusen und Kap Greco, innerhalb welcher der Sarosbusen (gleich N. vom Kap Greco); 2° zwischen Kap Greco und der Straße von Constantinopel; 3° zwischen der Straße von Constantinopel und dem Varnabusen (ungefähr mitten zwischen dem 40. und 45. Par., gleich O. vom 45. Merid. endend); — 78) Varnabusen; — 79) Strecke 1° zwischen dem Varnabusen und der Dniestermündung, innerhalb welcher die Donaumündungen (auf, so wie N. und S. vom 45. Par., O. vom 45. Merid.); 2° zwischen der Dniestermündung und der Westküste der Perekop'schen Landenge, innerhalb welcher die Dnepermündung (geschnitten vom 50. Merid., N vom 45. Par.); — 80) Halbinsel Krimm (geschnitten vom 45. Par., zwischen dem 50. und 55. Merid.); — 81) Asowsches Meer (geschnitten vom 55. Merid., N. vom 45. Par.); — 82) Oestliche Küste der Straße von Kaffa; — 83) Strecke 1° zwischen der Ostküste der Straße von Kaffa und der Rionmündung; 2° zwischen der Rionmündung und der Jekil-Irmakmündung (gleich N. vom 40. Par., gleich W. vom 55. Merid. endend); 3° zwischen der Jekil-Irmakmündung und der Straße von Constantinopel, innerhalb welcher die Krümmung der Küste nach Norden (geschnitten vom 50. Merid.); 4° zwischen der Straße von Constantinopel und Kap Baba; 5° zwischen Kap Baba und Kap Chrio, innerhalb welcher der Smyrnabusen (geschnitten vom 45. Merid., zwischen 35. und 40. Par.); 6° zwischen Kap Chrio und dem Skanderunbusen, innerhalb welcher der Sataliabusen (N. vom 35. Par., W. vom 50. Merid.); 7° zwischen Skanderunbusen und Sichormündung; 8° zwischen Sichormündung und Kap Sem, innerhalb welcher die Nilmündungen (N. vom 30. Par., W. vom 50. Merid.); 9° zwischen Kap Sem und dem Sidrabusen; — 84) Sidrabusen; — 85) Strecke zwischen dem Sidra- und dem Cabesbusen (S. vom 35. Par., zwischen dem 25. und 30. Merid. endend); — 86) Cabesbusen; — 87) Strecke 1° zwischen dem Cabesbusen und dem Kap Bon; 2° zwischen Kap Bon und Kap Spartel, innerhalb welcher a) der Tunisbusen (W. vom Kap Bon, ungefähr mitten zwischen dem 25. und 30. Merid.); b) die Bucht, welche vom 15. Merid. geschnitten und vom 35. Par. tangirt wird.

Moment 2.

Wiederhole der Busen, Halbinseln und Küstenstrecken:

A. Namen.

1) Laxebusen (Laxefjord); 2) Porsangerbusen (fjord); 3) Halbinsel zwischen dem Porsanger- und dem Altenbusen; 4) Altenbusen (fjord); 5) Küstenstrecke zwischen dem Altenbusen und Kap Kunnen, innerhalb welcher die Busen O. und W. vom 35. Merid.; 6) Strecke zwischen Kap Kunnen und dem Foldenbusen (fjord), innerhalb welcher die Busen zwischen dem 65. Par. und dem nördlichen Polarkreis); 7) Foldenbusen (fjord); 8) Strecke 1° zwischen dem Foldenbusen und Kap Stadland, innerhalb welcher a) der Drontheims-, b) der Rombalsbusen; 2° zwischen Kap Stadland und Lindesnäs (mit dem Waag-, Sögne-, Hardanger- und Buckebusen, mit der Strecke zwischen dem Buckebusen und dem Kap Lindesnäs; 9) Strecke zwischen Kap Lindesnäs und dem Christianiabusen; 10) Christianiabusen (fjord); 11) Strecke 1° zwischen dem Christianiabusen und Kap Falsterbo, innerhalb welcher der Halmstad- und der Kullabusen; 2° zwischen Kap Falsterbo und der Hanöbucht; 12) Hanöbucht; 13) Strecke zwischen der Hanöbucht und dem Bråbusen; 14) Bråbusen; 15) Strecke zwischen dem Bråbusen und dem Ausfluß des Mälarsees; 16) Ausfluß des Mälarsees; 17) Strecke 1° zwischen dem Ausfluß des Mälarsees und der Dalelfemündung; 2° zwischen der Dalelf- und der Indalsmündung; 3° zwischen der Indals- und der Torneåmündung, innerhalb welcher die die Schelleftebucht; 4° zwischen der Torneå- und der Uleåmündung; 5° zwischen der Uleåmündung und Kap Nerpe; 6° zwischen Kap Nerpe und dem Punkt gleich N. vom 60. Par., gleich W. vom 40. Merid.; 7° zwischen dem Punkt gleich N. vom 50 Par. ꝛc. und Kap Hangö (Hangöudd); 8° zwischen Kap Hangö und dem Busen von Wiborg; 18) Busen von Wiborg; 19) Strecke 1° zwischen dem Busen von Wiborg und der Newamündung; 2° zwischen der Newamündung und dem Narwabu-

sen; 20) Narwabusen (Narowabusen); 21) Strecke zwischen dem Narwabusen und Kap Hapsal; 22) Esthländische Halbinsel; 23) Livländischer Busen oder Rigabusen; 24) Kurländische Halbinsel; 25) Kurisches Haff und Kurische Nehrung; 26) Strecke zwischen der Kurischen Nehrung und Kap Bruster; 27) Frisches Haff und Frische Nehrung mit der Danziger Bucht; 28) Strecke zwischen der Danziger Bucht und dem Haff; 29) Das Haff, worin die Odermündung; 30) Strecke zwischen dem Haff und der Travemündung; 31) Holsteinsche Halbinsel; 32) Strecke zwischen der Hollsteinschen Halbinsel und Kap Skagern, innerhalb welcher a) die kleine Halbinsel S. von Skagern, b) Limbusen (Limfiord) (zwischen der kleinen Halbinsel und Skagern); 33) Strecke zwischen Kap Skagern und der Elbemündung, innerhalb welcher der Busen N. vom 55. Par., O. vom 25. Merid.); 34) Elbemündung; 35) Halbinsel zwischen der Elbe- und der Wesermündung; 36) Wesermündung; 37) Halbinsel zwischen der Wesermündung und dem Dollartbusen; 38) Dollartbusen; 39) Halbinsel zwischen dem Dollartbusen und der Zuydersee; 40) Zuydersee; 41) Niederländische Bucht (innerhalb welcher die Rhein-, Maas- und Scheldemündungen; 42) Boulogner Bucht; 43) Seinemündung; 44) Normandische Halbinsel; 45) St. Malobusen; 46) Halbinsel Bretagne mit dem Busen von Brest; 47) Strecke zwischen der Halbinsel Bretagne und der Garonnemündung; 48) Garonnemündung (Gironde l. Schirongd); 49) Strecke 1° zwischen der Garonne- und der Adourmündung; 2° zwischen der Adourmündung und Kap Ortegal; 3° zwischen Kap Ortegal und Kap Finisterre, innerhalb welcher der Corunnabusen; 50) Bucht 1° zwischen Finisterre und Kap Rocca; 2° zwischen Kap Rocca und Kap Vincent, innerhalb welcher die Tajomündung; 3° zwischen Kap Vincent und Kap Europa; 4° zwischen Kap Europa und Kap Gata; 5° zwischen Kap Gata und Kap Martin; 6° zwischen Kap Martin und Kap St. Sebastian, innerhalb welcher die Ebromündung; 51) Bucht von Lyon; 52) Strecke zwischen der Bucht von Lyon und dem Genuesischen Busen; 53) Meerbusen von Genua; 54) Strecke 1° zwischen dem Busen von Genua und dem 30. Merid.; 2° zwischen dem 30. Merid. und dem Policastrobusen, innerhalb welcher die Busen von Gaëta, Neapel und Salerno; 55) Policastrobusen; 56) Halbinsel Calabrien; 57) Tarentobusen; 58) Halbinsel Otranto; 59) Manfredoniabusen und die

Halbinsel Manfredonia; 60) Bucht von Pescara; 61) Strecke 1° zwischen der Bucht von Pescara und den Pomündungen; 2° zwischen den Pomündungen und dem Triesterbusen; 62) Triesterbusen; 63) Halbinsel Istrien; 64) Carnero- oder Quarnerobusen; 65) Strecke zwischen dem Carnero- und dem Drinobusen, innerhalb welcher die kleine Halbinsel gleich O. vom 35. Merid.; 66) Drinobusen; 67) Strecke zwischen dem Drinobusen und Kap Linguetta; 68) Strecke zwischen Kap Linguetta und dem Lepantobusen, innerhalb welcher der Artabusen; 69) Lepanto- und Patrasbusen; 70) Halbinsel Morea, innerhalb welcher a) die Arkadische Bucht, b) der Koronbusen, c) der Kolokythiabusen, d) der Nauplionbusen, e) Halbinsel zwischen Nauplion- und Aeginabusen; 71) Aeginabusen; 72) Halbinsel Attika; 73) Zeitunbusen; 74) Salonichibusen; 75) Casandro- und den Montesantobusen; 76) Contessabusen; 77) Strecke 1° zwischen dem Contessabusen und Kap Greco, innerhalb welcher der Sarosbusen; 2° zwischen Kap Greco und der Straße von Konstantinopel; 3° zwischen der Straße von Konstantinopel und dem Varnabusen; 78) Varnabusen; 79) Strecke 1° zwischen dem Varnabusen und der Dniestermündung, innerhalb welcher die Donaumündung; 2° zwischen der Dniestermündung und der Westküste der Perekopschen Landenge, innerhalb welcher die Dnepermündung; 80) Halbinsel Krimm; 81) Asowsches Meer; 82) Ostküste des Krimmschen Sundes; 83) Strecke 1° zwischen dem Krimmschen Sund und der Rionmündung; 2° zwischen der Rion- und der Jekil-Irmakmündung; 3° zwischen der Jekil-Irmakmündung und der Straße von Konstantinopel; 4° zwischen der Straße von Konstantinopel und Kap Baba; 5° zwischen Kap Baba und Kap Chrio, innerhalb welcher der Smyrnabusen; 6° zwischen Kap Chrio und Skanderunbusen, innerhalb welcher der Sataliabusen; 7° zwischen Skanderunbusen und Sichormündung; 8° zwischen Sichormündung und Kap Sem, innerhalb welcher die Nilmündungen; 9° zwischen Kap Sem und Sydrabusen; 84) Sydrabusen; 85) Strecke zwischen dem Sidra- und dem Cabesbusen; 86) Cabesbusen; 87) Strecke 1° zwischen dem Cabesbusen und Kap Bon; 2° zwischen Kap Bon und Kap Spartel, innerhalb welcher der Tunisbusen zugleich mit der Bucht, welche vom 15. Merid. geschnitten und vom 35. Par. tangirt wird.

B. Lage.

1) Unbestimmte. Z. B. das von Nordkyn folgt in der Ordnung: a) der Laxebusen, b) der Porsangerbusen, c) die Halbinsel zwischen dem Porsanger- und dem Altenbusen u. s. w.; so wie das, um zu bilden: a) den Laxebusen, die erste Linie nach S.S.W. und die zweite nach N.; b) den Porsangerbusen, die erste auch nach S.S.W. und die zweite nach N. gezogen wird u. s. w. *)

2. Bestimmte.

a) Parallel-Lage. Z. B. daß der Laxebusen N. vom 70. Par.

b) Meridianlage. Z. B. daß der Laxebusen W. vom 40. Meridian.

c) Parallel- und Meridianlage. Z. B. daß der Laxebusen N. vom 70. Par. und W. vom 40. Merid. liegt *).

---

*) Konstruire aus dem Gedächtniß.

Siebentes Stück.

Moment 1.

1) Strecke 1° zwischen Kap Spartel und Kap Cantin (ungefähr mitten zwischen dem 30. und 35. Par., W. vom 10. Merid. endend); 2° zwischen Kap Cantin und Kap Sabi; 3° zwischen Kap Sabi und Kap Blanco; 4) zwischen Kap Blanco und Kap Verd, innerhalb welcher die Senegalmündungen (N. vom 15. Par.); 5° zwischen Kap Verd und Kap Roxo (welche ungefähr mitten zwischen dem 10. und 15. Par., O. vom Ferro-Merid. endet), innerhalb welcher die Gambiamündung (ungefähr mitten zwischen Kap Verd und Kap Roxo); 6° zwischen Kap Roxo und Kap Sierraleone (im 5. Merid., zwischen dem 5. und 10. Par. n. Br. endend); 7° zwischen Kap Sierraleone und Kap Palmas; 8° zwischen Kap Palmas und Kap Tres Puntas (gleich S. vom 5. Par., gleich O. vom 15. Merid. endend); — 2) Beninbusen (geschnitten vom 5. Par., und beinahe in seiner Mitte vom 20. Merid.); — 3) Halbinsel zwischen dem Benin- und dem Kreuzbusen (geschnitten vom 5. Par., und beinahe in ihrer Mitte vom 25. Merid.); — 4) Kreuzbusen (geschnitten vom 5.

Par., zwischen 25. und 30. Merid.); innerhalb dessen ein Theil der Nigermündungen); — 5) Strecke 1° zwischen dem Kreuzbusen und Kap Lopez; 2° zwischen Kap Lopez und der Cubamündung, innerhalb welcher a) die Congomündung (S. vom 5. Par. n. Br., gleich O. vom 30. Merid.); b) die Coanzamündung gleich N. vom 10. Par., O. vom 30. Merid.); 3° zwischen der Cubamündung und Kap Negro; 4° zwischen Kap Negro und der Fischflußmündung (welche S. vom 25. Par., zwischen dem 30. und 35. Merid. endet); 5° zwischen der Fischflußmündung und dem Kap der Guten Hoffnung; innerhalb welcher die Tafelbay (gleich N. vom Kap der Guten Hoffnung); 6° zwischen dem Kap der Guten Hoffnung und der Mündung des großen Fischflusses, innerhalb welcher Strecke a) die falsche Bai (gleich O. vom Kap der Guten Hoffnung), b) die Magnetnadelspitze (südlichste Punkt des östlichen Festlandes); 7° zwischen der Mündung des großen Fischflusses und dem Kap Corrientes, innerhalb welcher der Lagoabusen (S. vom 25. Par., gleich O. vom 50. Merid.); 8) zwischen Kap Corrientes und der Coavomündung, innerhalb welcher a) das Küstenstück zwischen Lagoa und dem Sofalabusen (geschnitten vom südlichen Wendekreise, zwischen dem 50. und 55. Merid.); b) Sofalabusen (geschnitten vom 20. Par., gleichfalls zwischen dem 50. und 55. Merid.); c) das Küstenstück zwischen Sofalabusen und Coavomündung (geschnitten vom 10. und 15. Par., größtentheils O. vom 55. Merid.; 9) zwischen Coavomündung und Kap Guardafui; 10° zwischen Kap Gardafui und dem westlichsten Punkt des Adenbusens; 11° zwischen dem westlichsten Punkt des Adenbusens und dem Suezbusen; — 6) Suezbusen (der vom 30. Par. und vom 50. Merid. tangirt wird); — 7) Halbinsel zwischen dem Suez- und dem Acababusen (S. vom 30. Par.; O. vom 50. Merid.); — 8) Acababusen (S. vom 30. Par., ungefähr mitten zwischen dem 50. und 55. Merid.); — 9) Strecke 1° zwischen dem Acababusen und der Ostküste von Bab el Mandeb; 2° zwischen der Ostküste von Bab el Mandeb und Ras el Gat; 3) zwischen Ras el Gat und Kap Muscandon (N. vom 25. Par., W. vom 75. Merid. endend); 4° zwischen

Kap Muscandon und dem Punkt N. vom nördlichen Wendekreis, O. vom 70. Merid.; 5° zwischen dem Punkt N. vom nördlichen Wendekreis 2c. und der Euphratmündung; 6° zwischen der Euphratmündung und der nördlichen Küste des Ormus-Sundes (N. vom 25. Par., zwischen dem 70. und 75. Merid. endend); — 10) Nördliche Küste des Ormus-Sundes (N. vom 25. Par.; W. vom 75. Merid.); — 11) Strecke zwischen der nördlichen Küste des Ormus-Sundes und den Indusmündungen (zwischen dem nördlichen Wendekreis und dem 25. Par., auf dem 85. Merid. endend); — 12) Indusmündungen (zwischen dem nördlichen Wendekreis und dem 25. Par.; gleich O. vom 85. Merid.); — 13) Strecke zwischen den Indusmündungen und dem Kutschbusen; — 14) Kutschbusen; — 15) Halbinsel Gutserat (geschnitten vom 90. Merid., zwischen 20. Par. und dem nördlichen Wendekreis; — 16) Cambaybusen (gleich O. von der Halbinsel Gutserat); — 17) Strecke 1° zwischen dem Cambaybusen und Kap Comorin; 2° zwischen Kap Comorin und der Cavery-Mündung (gleich N. vom 10. Par., zwischen dem 95. und 100. Merid. endend); 3° zwischen der Cavery- und der Kistnahmündung (gleich N. vom 15. Par., W. vom 100. Merid. endend); 4° zwischen der Kistnah- und der mittelsten Gangesmündung, innerhalb welcher a) die Mahamuddy-Mündung (geschnitten vom 20. Par., gleich W. vom 105. Merid.), b) die westlichen Gangesmündungen; 5° zwischen der mittelsten Gangesmündung und Kap Negrais (gleich N. vom 15. Par., zwischen dem 110. und 115. Merid. endend), innerhalb welcher a) die östlichen Gangesmündungen, b) die Burremputter-Mündung (gleich O. von der östlichsten Gangesmündung); — 18) Martabanbusen (geschnitten vom 15. Par. und 115. Merid.); — 19) Halbinsel Malacca (geschnitten vom 5. und 10. Par. und 120. Merid.); — 20) Siambusen (geschnitten vom 10. Par. und 120. Merid.); — 21) Halbinsel Cambodscha (geschnitten vom 10. und 15. Par. und 125. Merid.), innerhalb welcher die Cambodschamündungen (gleich N. vom 10. Par., O. vom 125. Merid.); — 22) Tonquinbucht (geschnitten vom 20. Par. und 125. Merid.); — 23) Strecke zwischen der Tonquinbucht und der Hoangho=Mündung (geschnitten vom nördlichen Wendkreis und dem 25. und 30. Par., zugleich mit dem 130. und 135. Merid.), innerhalb welcher a) die Halbinsel gleich O. von der Tonquinbucht, b) der Busen von Canton (S. vom nördl. Wendekreis, gleich O. vom 130. Merid.); c) der Busen zwischen dem nördlichen Wendekreise und dem 25. Par., gleich O. vom 135. Merid., d) der Busen gleich N. vom 30. Par., W. vom 140. Merid.; e) die Jantsekiangmündungen (ungefähr mitten zwischen dem 30. und 35. Par., W. vom 140. Merid.); — 24) Hoangho=Mündung (S. vom 35. Par. zwischen dem 135. und 140. Merid.); — 25) Halbinsel zwischen der Hoangho=Mündung und dem Petschelibusen (geschnitten vom 35. Par. und dem 140. Merid.); — 26) Petschelibusen (S. vom 40. Par., O. vom 135. Merid.); — 27) Leaobusen (geschnitten vom 40. Par. und tangirt vom 140. Merid.); — 28) Halbinsel O. vom Leaobusen (geschnitten vom 40. Par. und 140. Merid.); — 29) Halbinsel Korea (geschnitten vom 40. Par. und dem 145. Merid.); — 30) Strecke 1° zwischen der Halbinsel Korea und der Turkomündung; 2° zwischen der Turkomündung und Kap Romberg, innerhalb welcher der Amurbusen (zwischen dem 50. und 55. Par., gleich W. vom 160. Merid.); 3° zwischen Kap Romberg und der Udamündung; 4° zwischen der Uda= und der Okotamündung; 5° zwischen der Okotamündung und Kap Piagik; — 31) Ighinabusen (geschnitten vom 175. Merid., N. vom 60. Par.); — 32) Halbinsel zwischen dem Ighina= und dem Penschinabusen (N. vom 60. Par., zwischen dem 175. und 180. Merid.); — 33) Penschinabusen (ebenfalls N. vom 60. Par., zwischen dem 175. und 180. Merid.); 34) Strecke 1° zwischen dem Penschinabusen und der Itschamündung; 2° zwischen der Itschamündung und Kap Lopatka; 3° zwischen Kap Lopatka und Kap Kronotskoi, innerhalb welcher a) der Awatkabusen (zwischen dem 50. und 55. Par., O. vom 175. Merid.), b) Kamtschatka=Busen (W. vom Kap Kronotskoi); 4° zwischen Kap Kronotskoi und Kap Karaga, innerhalb welcher a) die Strecke zwischen Kap Kronotskoi und Karagabusen; b) Karagabusen (zwischen dem 50. und 60. Par., O. vom 180. Merid.); 5° zwischen dem Karaga=

busen und der Bay von Aliutorskoi; — 35) Bay von Aliutorkoi (geschnitten vom 60. Par. und 185. Merid.); — 36) Strecke zwischen dem Busen von Aliutorskoi und Kap Thaddäus (zwischen dem 60. und 65. Par., zwischen 195. und 200. Merid. endend); — 37) Anadirbusen (geschnitten vom 65. Par. und 195. und 200. Merid.); — 38) Strecke zwischen dem Anadirbusen und dem Ostkap.

Moment 2.

Merke

I) der Busen, Halbinseln und Küstenstrecken:

A. Namen.

1) Strecke 1° zwischen Kap Spartel und Kap Cantin; 2° zwischen Kap Cantin und Kap Sabi; 3° zwischen Kap Sabi und Kap Blanco; 4° zwischen Kap Blanco und Kap Verd, innerhalb welcher die Senegalmündung; 5° zwischen Kap Verd und Kap Roxo, innerhalb welcher die Gambiamündung; 6° zwischen Kap Roxo und Kap Sierra-Leone; 7° zwischen Kap Sierra-Leone und Kap Palmas; 8° zwischen Kap Palmas und Kap Tres Puntas; 2) Beninbusen; 3) Halbinsel zwischen dem Benin- und dem Kreuzbusen; 4) Kreuzbusen, innerhalb dessen ein Theil der Nigermündungen; 5) Strecke 1° zwischen dem Kreuzbusen und Kap Lopez; 2° zwischen Kap Lopez und der Cubamündung, innerhalb welcher a) die Congo- und b) die Coanzamündung; 3° zwischen der Cubamündung und Kap Negro; 4° zwischen Kap Negro und der Fischflußmündung; 5° zwischen der Fischflußmündung und dem Vorgebirge der Guten Hoffnung, innerhalb welcher die Tafelbay; 6° zwischen dem Vorgebirge der Guten Hoffnung und der Mündung des großen Fischflusses, innerhalb welcher a) die falsche Bay, b) die Magnetnadelspitze; 7° zwischen der Mündung des großen Fischflusses und Kap Corrientes, innerhalb welcher der Lagoabusen; 8° zwischen Kap Corrientes und der Coavomündung, innerhalb welcher: a) das Küstenstück zwischen Lagoa und Sofalabusen, b) Sofalabusen; c) das Küstenstück zwischen Sofalabusen und Coavomündung; 9° zwischen Coavomündung und Kap Guardafui; 10° zwischen Kap Guardafui und dem westlichsten Punkt des Adenbusens; 11° zwischen dem westlichsten Punkt des Adenbusens und dem Suezbusen; 6) Suezbusen; 7) Halbinsel zwischen dem

Suez= und dem Acababusen; 8) Acababusen; 9) Strecke 1° zwischen dem Acababusen und der östlichen Küste von Bab el Mandeb; 2° zwischen der Ostküste von Bab el Mandeb und Ras el Gat; 3° zwischen Ras el Gat und Kap Muscandon; 4° zwischen Kap Muscandon und dem Punkt N. vom nördlichen Wendekreis, O. vom 70. Merid,; 5° zwischen dem Punkt N. vom nördlichen Wendekreis ꝛc. und der Euphratmündung; 6° zwischen der Euphratmündung und der nördlichen Küste des Ormussundes; 10) Nördliche Küste des Ormussundes; 11) Strecke zwischen der nördlichen Küste des Ormussundes und den Indusmündungen; 12) Indusmündungen; 13) Strecke zwischen den Indusmündungen und dem Cutschbusen; 14) Cutschbusen; 15) Halbinsel Gutserat; 16) Cambaybusen; 17) Strecke 1° zwischen dem Cambaybusen und Kap Comorin; 2° zwischen Kap Comorin und der Caverymündung; 3° zwischen der Cavery= und der Kistnahmündung; 4° zwischen der Kistnah= und der mittelsten Gangesmündung, innerhalb welcher a) die Mahamuddy=Mündungen, b) die westlichen Gangesmündungen; 5° zwischen der mittelsten Gangesmündung und Kap Negrais, innerhalb welcher die östlichen Gangesmündungen und die Burremputter=Mündung; 18) Martabanbusen; 19) Halbinsel Malacca; 20) Siambusen; 21) Halbinsel Cambodscha, innerhalb welcher die Cambodscha=Mündung; 22) Tonquinbucht; 23) Strecke zwischen der Tonquinbucht und der Hoanghomündung, innerhalb welcher a) die Halbinsel gleich O. von der Tonquinbucht, b) der Cantonbusen, c) der Busen zwischen dem nördlichen Wendekreis, gleich O. vom 135. Merid., d) der Busen gleich N. vom 30. Par., W. vom 140. Merid., e) die Jantsekiangmündungen: 24) Hoanghomündung; 25) Halbinsel zwischen der Hoanghomündung und dem Petschelibusen; 26) Petschelibusen; 27) Leaobusen; 28) Halbinsel O. vom Leaobusen (Regentenschwert); 29) Halbinsel Korea; 30) Strecke 1° zwischen Korea und der Turkomündung; 2° zwischen der Turkomündung und Kap Romberg, innerhalb welcher der Amurbusen; 3° zwischen Kap Romberg und der Udamündung; 4° zwischen der Uda= und der Okotamündung; 5° zwischen der Okotamündung und Kap Piagik; 31) Ighina oder Ischiginabusen; 32) Halbinsel zwischen dem Ighina= und dem Penschinabusen; 33) Penschinabusen; 34) Strecke 1° zwischen dem Penschinabusen und der Itschamündung; 2° zwischen der Itschamündung und Kap Lopatka; 3° zwischen Kap Lopatka und Kap Kronotskoi, inner=

halb welcher a) der Awatschabusen, b) Kamtschatkabusen; 4° zwischen Kap Kronotskoi und Kap Karaga, innerhalb welcher a) die Strecke zwischen Kap Kronotskoi und dem Karagabusen, b) der Karagabusen; 5° zwischen Karagabusen und der Bay von Aliutorskoi; 35) Bay von Aliutorskoi (Olutorskaja=Busen); 36) Strecke zwischen dem Olutorskaja = Busen und Kap Thaddäus; 37) Anadirbusen; 38) Strecke zwischen dem Anadirbusen und Ostkap.

II) Namen und Lage der, außer den schon aufgezählten Busen und Halbinseln, noch durch die bisher angegebene Küstenkonstruktion bestimmten Räume:

1. Weißes Meer, mit Inbegriff von Kandalaskaja=, Onega=, Dwina = und Mesenbusen (geschnitten durch den 65. Par. und den nördlichen Polarkreis, zugleich mit dem 50., 55. und 60. Merid.); — 2) Halbinsel zwischen dem Waranger= und dem Kandalaskaia=Busen (geschnitten vom nördlichen Polarkreis und vom 50. und 55. Merid.); — 3) Skandinavische Halbinsel (geschnitten durch den 60., 65. und 70. Par., so wie den 25., 30, 35. und 40. Merid.); — 4) Bottnischer Busen (durch den 60. und 65. Par. und dən 35. und 40. Merid. geschnitten); — 5) Finnischer Busen (geschnitten durch den 60. Par. und den 45. Merid.); — 6) Halbinsel Jütland (geschnitten durch den 55. Par., zwischen dem 25. und 30. Merid.); — 7) Die Ostsee, mit Inbegriff des Bottnischen und Finnischen Busens, geschnitten vom 55., 60., 65. Par., und 30., 35., 40. und 45. Merid.; — 8) Das Kattegatt (zwischen Skandinavien und Jütland); — 9) Biscayischer Meerbusen (durch den 45. Par. und den 10. u. 15. Merid. geschnitten); — 10) Spanische Halbinsel (geschnitten vom 40. Par., und 10., 15. und 20. Merid.); — 11) Italiänische Halbinsel (geschnitten vom 40. und 45. Par. und 30. und 35. Merid.); — 12) Adriatisches Meer (geschnitten durch den 45. Par. und den 30. und 35. Merid.); — 13) Griechisches Meer oder der Archipel, auch Aegeisches Meer (geschnitten durch den 40. Par., zwischen dem 40. und 45. Merid.); — 14) Dardanellenstraße oder der Hellespont (gleich N. vom 40. Par., W. vom 40. Merid.); — 15) Marmorameer (gleich N. vom 40. Par., O. vom 45. Merid.); — 16) Straße von Konstantinopel oder der Bosphorus; — 17) Das Schwarze Meer

(geschnitten vom 45. Par. und vom 50. und 55. Merid.); — 18) Straße von Kaffa; — 19) Halbinsel Europa (W. von einer Linie zwischen dem nördlichsten Punkt des Asowschen Meeres und dem südlichsten des Onegabusens); — 20) Halbinsel Klein Asien (geschnitten vom 40. Par. und vom 45. und 50. Merid.); — 21) Halbinsel Afrika, d. i. alles Land W., S. und S.W. von einer Linie zwischen dem östlichsten Theile der Nilmündungen und der nordwestlichen Spitze des Busens von Suez; — 22) Straße von Gibraltar (das schmälste Wasser zwischen der Spanischen und Afrikanischen Halbinsel); — 23) Das Mittelmeer, mit Inbegriff des Adriatischen und Griechischen Meeres (geschnitten vom 35., 40. und 45. Par., von zwischen dem 10. und 15. bis zwischen dem 50. und 55. Merid.); — 24) Guineabucht, mit Einschluß vom Beninbusen (N.O. von einer Linie, zwischen Kap Palmas und Kap Negro); — 25) Adenbusen (zwischen zwei Linien, die eine von Kap Guardafui nordwärts bis zur gegenüberliegenden Küste, und die andere zwischen der östlichen und westlichen Küste der Meerenge Bab el Mandel); — 26) Das Rothe Meer, mit Einschluß des Suez- und Acababusens (der Busen N.W. von Bab el Mandel); — 27) Arabische Halbinsel (S. von einer Linie, gezogen zwischen dem nördlichsten Punkte des Suezbusens und der Euphratmündung); — 28) Persischer Busen (geschnitten vom 25. und 30. Par. und vom 70. Merid.); — 29) Omanbusen (N. von einer Linie, gezogen zwischen Kap Comorin und Kap Guardafui); — 30) Straße von Ormuz, zwischen dem Persischen Meerbusen und dem Golf von Oman; — 31) Vorderindische Halbinsel, mit Inbegriff der Halbinsel Gutserat (S. von einer Linie, gezogen zwischen den Indus- und den Gangesmündungen); — 32) Bengalischer Busen (N. von einer Linie, gezogen nach O. vom Kap Comorin an die entgegenliegende Küste); — 33) Hinterindische Halbinsel, mit Inbegriff von Malacca und Cambodscha (S. von einer Linie, gezogen nach O. von den Gangesmündungen an die Tonquinbucht); — 34) Das Gelbe Meer oder Hoanghai (N. von einer Linie, gezogen nach W. von Kap Korea zu der entgegenliegenden Küste); — 35) Ochozkisches oder Lamutisches, auch Tungusisches Meer (N. von einer Linie vom Kap Lopatka W. bis zu der gegenüberliegenden Küste); — 36) Halbinsel Kamtschatka (S. von einer Linie zwischen dem nordwestlichsten Puncte der Bay von Aliutorskoi und dem Okhozkischen Meere; — 37) Küstenstück zwischen der Bay von Aliutorskoi und dem Anadirbusen; — 38) Tschutschen-Halbinsel (O. von einer Linie zwischen Anadirbusen und Tschaunskajabusen); — 39) Halbinsel Asien (alles Festland östlich von Europa und von Afrika).

B. Lage.

1. Unbestimmte. Z. B. daß von Kap Spartel in der Ordnung folgt: 1) die Strecke 1° zwischen Kap Spartel und Kap Cantin, 2° zwischen Kap Cantin und Kap Sabi ꝛc.; 2) der Beninbusen u. s. w.; so wie daß — um zu bilden a) die Strecke zwischen Kap Spartel und Kap Cantin — die erste Linie nach S.S.W. und die zweite nach W.S.W: b) die Strecke zwischen Kap Cantin und Kap Sabi — die erste Linie gleichfalls nach S.S.W. und die zweite nach W.S.W. gezogen wird u. s. w. *)

2. Bestimmte. Z. B. daß — um zu bilden a) die Strecke zwischen Kap Spartel und Kap Cantin — die erste Linie nach S.S.W. bis S. vom 35. Par., O. vom 10. Merid., und die zweite nach W.S.W. bis Kap Cantin: b) die Strecke zwischen Kap Cantin und Kap Sabi — die erste Linie nach S.S.W. bis S. vom 30. Par., zwischen dem 5. nnd 10. Merid. gezogen wird u. s. w. *)

*) Konstruire aus dem Gedächtniß.

Achtes Stück.

Moment 1.

Bestimme weiter:

1° Um den Entwurf zur Küsten-Konstruktion der Insel England zu bilden — folgende Konstruktionspunkte:

1) Landsend (ungefähr auf dem 50. Par. n. Br., O. vom 10. Merid.); — 2) Kap Wrath (l. Rath) (S. vom 60. Par., zwischen dem 10. und 15. Merid.); — 3) Kap Foreland (N. vom 50. Par., W. vom 20. Merid.).

2° um Englands Küsten-Konstruktion zu vollenden — folgende Busen- und Küstenstrecken:

1) Kanal von Bristol (geschnitten vom 15. Merid., N. vom 50. Par.); — 2) Halbinsel zwischen dem Bristolkanal und der Cardiganbucht (N. vom Bristolkanal); — 3) Cardiganbucht (ungefähr mitten zwischen dem 50. und

55. Par. W. vom 15. Merid.); — 4) Halbinsel N. von der Cardiganbucht; — 5) Oestlicher Theil der Irischen See (deren östlichste Küste vom 15. Merid. und dessen nördliche vom 55. Par. tangirt wird); — 6) Halbinsel zwischen der Irischen See und dem Clydebusen (geschnitten vom 55. Par.); — 7) Clyde (l. Claid) = Busen; — 8) Strecke zwischen dem Clydebusen und Kap Wrath; — 9) Strecke zwischen Kap Wrath und Kap Duncansby (S. vom 60. Par., ungefähr auf dem 15. Merid. endend); — 10) Busen, geschnitten vom 15. Merid.; — 11) Halbinsel geschnitten vom 15. Merid. in der Mitte zwischen dem 55. und 60. Par.; — 12) Forthbusen (geschnitten vom 15. Merid., N. vom 55. Par.); — 13) Strecke zwischen dem Forth = und dem Wash (l. Uasch) = Busen (welche beinahe in der Mitte zwischen dem 50. und dem 55. Par. endet), innerhalb welcher die Hummermündung nördlich vom Wash; — 14) Der Wash; — 15) Halbinsel zwischen dem Wash und der Themsemündung (ungefähr mitten zwischen dem 50. und 55. Merid. gleich W. vom 20. Merid.); — 16) Themsemündung (W. vom Kap Foreland); — 17) Strecke zwischen der Themsemündung und Landsend, innerhalb welcher a) die Exeterbucht (geschnitten vom 15. Merid.), b) die Plymouthbucht (gleich W. von der Exeterbucht).

3° Um den Entwurf zur Küsten = Konstruktion Neuhollands zu bilden — folgende Konstruktionspunkte:

1) Kap York (S. vom 10. Par. s. Br., gleich O. vom 160. Merid.); — 2) Kap Leoben (S. vom 10. Par., gleich W. vom 150. Merid.); — 3) Nordwestkap (zwischen dem 20. Par. und dem südl. Wendekreise, so wie dem 130. und 135. Merid.); — 4) Kap Chatam (l. Tschatam) (ungefähr auf dem 35. Par., gleich O. vom 135. Merid.); — 5) Nördlichster Punkt der Südküste (S. vom 30. gleich W. vom 50. Merid.); — 6) Kap Wilson (l. Uilsn) (N. vom 40. Par., W. vom 165. Merid.); — 7) Kap Sandy (S. vom südl. Wendekreis, gleich O. vom 70. Merid.).

4° Um die Küsten = Konstruktion Neuhollands zu vollenden — folgende Busen, Halbinseln und Küstenstrecken:

1) Carpentariabusen (geschnitten vom 15. Par. und 155. Merid.); — 2) Halbinsel zwischen dem Carpen=

tariabusen und der Medusenbucht (geschnitten vom 150. Merid., N. vom 15. Par.), innerhalb welcher der Van Diemens Busen (geschnitten vom 150. Merid.); — 3) Medusenbucht (deren südlicher Theil geschnitten vom 15. Par., gleich O. vom 145. Merid.); — 4) Strecke 1° zwischen der Medusenbucht und dem Nordwestkap (geschnitten vom 15. und 20. Par., so wie vom 135., 140. und 145. Merid.); 2° zwischen dem Nordwestkap und Kap Chatam, innerhalb welcher a) die Busen und Halbinseln gleich S. vom 25. Par., O. vom 130. Merid.; b) die Bucht, welche vom 30. Par., zwischen dem 130. und 135. Merid. geschnitten wird; 3° zwischen Kap Chatam und Kap Wilson, innerhalb welcher a) die Bucht, welche vom 140. Merid. gleich N. vom 35. Par. geschnitten wird; b) die Bucht, welche vom 145. und 150. Merid., ungefähr mitten zwischen dem 30. und 35. Par. geschnitten wird; c) der Spencersbusen (welcher vom 35. Par. tangirt und vom 155. Merid. geschnitten wird; d) der Vincentbusen (geschnitten vom 35. Par., gleich O. vom 155. Merid.); e) Philippshaven (die Bucht N. vom 40. Par., zwischen dem 160. und 165. Merid.; 4° zwischen Kap Wilson und Kap Sandy, innerhalb welcher Botanybay (N. vom 35. Par., W. vom 170. Merid.); 5° zwischen Kap Sandy und Kap York.

Moment 2.

Merke:

A. Die Namen

1° In England

a) der Konstruktionspunkte.

1) Landsend; 2) Kap Wrath; 3) Kap Foreland.

b) der Busen, Halbinseln rc.

1) Kanal von Bristol; 2) Halbinsel zwischen dem Kanal von Bristol und der Cardiganbucht; 3) Halbinsel N. von der Cardiganbucht; 4) Oestlicher Theil der Irischen See; 5) Halbinsel zwischen der Irischen See und dem Clydebusen; 6) Strecke zwischen dem Clydebusen und Kap Duncansby; 7) Busen, geschnitten vom 15. Merid., innerhalb dessen der Dornock- und der Murraybusen; 8) Halbinsel zwischen dem Murray- und dem Forthbusen; 9) Forthbusen; 10) Strecke zwischen dem Forthbusen und dem Wash; 11) Halbinsel zwischen dem Wash und der Themsemündung; 12) Strecke zwischen der Themsemündung und Landsend, innerhalb welcher a) die Exeter- und b) die Plymouthsbucht.

2° Von Neuholland
a) der Konstruktionspunkte.

1) Kap York; 2) Kap Leoben; 3) Nordwestkap (Kap Willem); 4) Kap Chatam; 5) Nordöstlichster Punkt der Südküste; 6) Kap Wilson; 7) Kap Sandy.

b) Der Busen, Halbinseln 2c.

1) Der Carpentariabusen; 2) Halbinsel zwischen dem Carpentariabusen und der Medusenbucht; 3) Medusenbucht; 4) Die Strecke: 1° zwischen dem Nordwestkap und Kap Chatam, innerhalb welcher a) die Busen und Halbinseln gleich S. vom 25. Par. gleich O. vom 130. Merid.; b) die Bucht, welche vom 30. Par., zwischen dem 130. und 135. Merid., geschnitten wird; 3° zwischen Kap Chatam und Kap Wilson, innerhalb welcher a) die Bucht, welche vom 145. Merid., N. vom 35. Par. geschnitten wird, b) die Bucht, welche vom 150. und 155. Merid., ungefähr mitten zwischen dem 30. und 35. Par. geschnitten wird, c) der Spencerbusen, d) der St. Vincentbusen, e) Philippshaven; 4° zwischen Kap Wilson und Kap Sandy, innerhalb welcher Botany-Bay; 5° zwischen Kap Sandy und Kap York.

B. Lage.

1. Unbestimmte. Z. B. daß von Landsend die Küste geht: a) nach N.N O. zu Kap Duncansby, b) nach S.O. zu Kap Foreland u. s. w., so wie daß von Landsend in der Ordnung folgt: 1) der Kanal von Bristol; 2) die Halbinsel zwischen dem Kanal von Bristol und der Cardiganbucht u. s. w. *).

2. Bestimmte. Z. B. daß Landsend ungefähr auf dem 50. Par., O. vom 10. Merid. liegt u. s. w.; so wie daß der Kanal von Bristol vom 15. Merid., N. vom 50. Par. geschnitten wird u. s. w. *).

*) Konstruire aus dem Gedächtniß.

Neuntes Stück.

Moment 1.

Bestimme ferner folgende Inseln und Halbinseln der östlichen Halbkugel:

1) Östliche und ein Theil der nördlichen und südlichen Küste von Island (N. und S. vom 65. Par. n. Br.,

zwischen dem 1. und 5. Merid. und zu einem kleinen Theil O. vom 5. Merid.); — 2) Nordskandinavische Scheeren (geschnitten vom 70. Par., sich erstreckend von gleich W. vom 25. bis gleich W. vom 45. Merid.); — 3) Spitzbergen (geschnitten vom 30., 35. und 40. Merid., und zu einem kleinen Theile vom 80. Par. n. Br.); — 4) Kalgujew (gleich S. vom 70. Par., gleich O. vom 65. Merid.); — 6) Nowaja-Semlja-Inseln (N. und S. vom 75. Par. n. Br., sich erstreckend von gleich W. vom 70. bis zum 95. Merid.); — 6) Waigatz-Insel (geschnitten vom 70. Par. n. Br., zwischen 75. und 80. Merid.); — 7) Lena-Inseln (geschnitten vom 145. Merid., zwischen dem 70. und 75. Par.); — 8) Neu-Sibirische Inseln (geschnitten vom 75. Par., zwischen dem 155. und 170. Merid.); — 9) Läkow'sche Inseln (zwischen den Neu-Sibirischen Inseln und dem Festlande), von denen die größte durch den 160. Merid. geschnitten wird; — 10) Ein Theil der Bäreninseln, innerhalb des Kolymabusens*); — 11) Kurilische Inseln (geschnitten vom 45. und 50. Par. n. Br., und vom 165. und 170. Merid.), von denen die Staaten-Insel, welche die größte ist, durch den 45. Par. und 165. Merid. geschnitten wird; — 12) Saghalin (geschnitten vom 50. Par. n. Br. und vom 160. Merid., sich erstreckend von N. vom 45. bis S. vom 55. Par.); — 13) Jeso (geschnitten vom 45. Par. und 160. Merid.); — 14) Japanische Inseln, unter denen zu merken sind: a) Nipon (geschnitten vom 35. und 40. Par., sich erstreckend von gleich W. vom 150. Merid. bis gleich W. vom 160.); b) Kiusiu (W. vom 150. Merid., zwischen dem 30. und 35. Par.); c) Xikoko (S. vom 35. Par., O. vom 150. Merid.); — 15) Lekejo-Inseln (geschnitten vom 25. Par. n. Br., zwischen 140. und 150. Merid.); — 16) Magellanische Inseln (zum größern Theil S. vom 25. und 30. Par., O. und W. vom 160. Merid.); — 17) Formosa (geschnitten vom nördlichen Wendekreis und dem 25. Par., gleich W. vom 140. Merid.); — 18) Insel Hainan (geschnitten, zu einem kleinen Theil, vom 20. Par. n. Br., zwischen dem 125. und 130. Merid.); — 19) Paracels-Inseln (geschnitten vom 130. Merid., zwischen dem 15. und 20. Par. n. Br.); — 20) Die Philippinen (zwischen dem 5. und 20. Par. n. Br., und dem 135. und 145. Merid.), unter

*) Fehlen auf der Karte.

denen zu merken sind: a) Luson (geschnitten vom 15. Par. und 140. Merid.); b) Palawan (geschnitten vom 10. Par., tangirt vom 135. Merid.); c) Magindanao (deren westlichster Theil vom 140. Merid., zwischen dem 5. und dem 10. Par., geschnitten wird); — 21) Die Marianen (sich erstreckend von S. vom 15. bis N. vom 20. Par. n. Br., zwischen dem 160. und 165. Merid.); — 22) Pelew= (l. Pelju=) inseln (zwischen dem 5. und 10. Par. n. Br. und dem 150. und 155. Merid.); — 23) Die Carolinen (größtentheils S. vom 10. Par. n. Br., sich erstreckend von W. vom 155. bis gleich W. vom 180. Merid.); — 24) Die großen Sunda=Inseln, nämlich a) Sumatra, geschnitten vom Aequator und dem 5. Par. n. und s. Br., so wie vom 115. und 120. Merid.); b) Borneo (geschnitten vom Aequator und 5. Par. n. Br., so wie vom 130. und 135. Merid.); c) Celebes (geschnitten vom Aequator und dem 5. Par. s. Br., so wie vom 140. Merid.); d) Java (geschnitten vom 125. und 130. Merid., zwischen dem 5. und 10. Par. s. Br.); — 25) Die kleinen Sunda=Inseln, unter denen zu merken sind: a) Sumbavi (dessen westlichster Theil vom 135. Merid., N. vom 10. Par. s. Br. geschnitten wird); b) Flores (dessen östlicher Theil vom 140. Merid., gleichfalls N. vom 10. Par. s. Br. geschnitten wird); c) Timor (geschnitten vom 10. Par. s. Br., zwischen dem 140. und 145. Merid.); — 26) Die Molucken unter denen Dschilolo (vom Aequator geschnitten und vom 145. Merid. tangirt) zu merken ist; — 27) Gewürzinseln (zwischen dem Aequator und dem 5. Par. s. Br., so wie dem 145. und 150. Merid.), unter denen zu merken sind: a) Ceram (die größte), b) Amboina und c) die Banda=Inseln (S.S.O. von Ceram); — 28) Neu=Guinea (geschnitten beinahe in der Mitte vom 5. Par. n. Br., sich erstreckend von dem 10. Par. s. Br., bis gleich S. vom Aequator, so wie von W. vom 150, bis O. vom 165. Merid.); — 29) Neu=Britannien (geschnitten vom 5. Par. s. Br. und tangirt vom 170. Merid.); — 30) Neu=Ireland (geschnitten vom 170. Merid., N. vom 5. Par. s. Br.); — 31) Admiralitäts=Inseln (von denen die größte vom 165. Merid., zwischen dem Aequator und dem 5. Par. s. Br. tangirt wird); — 32) Salomonsinseln (welche, zwischen dem 170. und 180. Merid., sich von gleich S. vom 5. bis S. vom 10. Par. s. Br. erstrecken); — 33) Van Diemens Land (geschnitten vom 165. Merid., zwi=

schen dem 40. und 45. Par. s. Br.); — 34) Mergui=Inseln (geschnitten vom 10. Par. n. Br., größtentheils O. vom 115. Merid. liegend); — 35) Andamanen und Nikobaren (die erstern N. und die letztern S. vom 10. Par. n. Br., O. vom 110. Merid.); — 36 Ceylon (welche vom 100. Merid., zwischen dem 5. und 10. Par. n. Br. beinahe tangirt wird); — 37) Die Lakediven und Malediven (die erstern N. und S. vom 10. Par., und die letztern von N. vom Aequator bis N. vom 5. Par. n. Br.; beide Gruppen zum größten Theil O. vom 90. Merid.); — 38. Sokotora (zwischen dem 10. und 15. Par. n. Br., O. vom 70. Merid.); — 39) Zanguebar=Inseln (geschnitten vom 5. Par. s. Br., W. vom 60. Merid.); — 40) Sechelles=Inseln (geschnitten vom 5. Par. s. Br., zwischen dem 70. und 75. Merid., bestehend aus a) den Amiranten= und b) den Mahé=Inseln; — 41) Comorische Inseln (zwischen dem 10. und 15. Par. s. Br. und dem 60. und 65. Merid.); — 42) Madagaskar (geschnitten vom 65. Merid., so wie dem 15., 20. und 25. Par. s. Br.); — 43) Maskarenische Inseln, bestehend aus Isle de France und Isle de Bourbon (von denen die erste gleich S. vom 20. Par. s. Br., gleich O. vom 75. Merid., und die zweite zwischen dem 20. Par. und dem südlichen Wendekreis, zwischen dem 70. und 75. Merid.); — 44) Kerguelensland (geschnitten vom 50. Par. s. Br., zwischen dem 85. und 90. Merid.); — 45) St. Helena (S. vom 15. Par. s. Br., O. vom 10. Merid.); — 46) Ascension (N. vom 10. Par. s. Br., W. vom 5. Merid.); — 47) Guinea=Inseln, im Guineabusen, unter denen zu merken sind: a) Fernando del Po (S. vom 5. Par. n. Br., O. vom 25. Merid.); b) die Prinzeninsel (N. vom Aequator, gleich O. vom 25. Merid.); c) St. Thomas (gleich N. vom Aequator, W. vom 25. Merid.); — 48) Bissagos=Inseln (N. vom 10. Par. n. Br., zwischen dem 1. und 5. Merid.); — 49) Der größere Theil der südlichen Canarischen Inseln (S. vom 30. Par. n. Br., zwischen dem 1. und 5. Merid.), unter denen zu merken sind: a) Teneriffa (die größte, nächst dem ersten Merid. gelegen); b) Canaria (gleich O. von Teneriffa); — 50) Die nördlichen Canarischen Inseln, worunter zu merken: Madeira (gleich O. vom Ferroe=Merid., zwischen dem 30. und 35. Par.); — 51) Pityusen, nämlich Iviça und Formentera (S. vom 40.

P. n. Br., W. vom 20. Merid.); — 52) Balearen, nämlich: a) Mallorca (l. Maljorca), (tangirt vom 40. Par. n. Br. gleich S. vom 20. Merid.); b) Menorca (geschnitten vom 40. Par. n. Br., zwischen dem 20. und 25. Merid.); — 53) Hierische Inseln (S. vom 45. Par. n. Br., W. vom 25. Merid.); — 54) Sardinien (geschnitten vom 40. Par. n. Br., zwischen dem 25. und 30. Merid.); — 55) Corsica (gleich N. von Sardinien); — 56) Elba (gleich O. von Corsica); — 57) Sicilien (zwischen dem 35. und 40. Par., ein wenig geschnitten vom 30. und 35. Merid.); — 58) Liparische Inseln (gleich N. von Sicilien); — 59) Ischia (l. Iskia) und Capri, die erste N. die andere S. vom Busen von Neapel; — 60) Malta (gleich S. von Sicilien); — 61) Tremitische Inseln (gleich N. von der Halbinsel Manfredonia); — 62) Dalmatische Inseln (längs der Ostküste des Adriatischen Meeres, nämlich von dem Quarnerobusen bis O. vom 35. Merid.); — 63) Jonische Inseln, unter denen zu merken sind: a) Corfu (gleich S. vom 40. Par. n. Br., zwischen dem 35. und 40. Merid.); b) Cefalonia (die größte) gleich W. vom Patrasbusen; c) Zante (gleich S. von Cefalonia); d) Cerigo (gleich S. vom Kolokythiabusen); — 64) Candia (geschnitten vom 35. Par. n. Br., zwischen dem 40. und 45. Merid.); — 65) Griechische Inseln (innerhalb des griechischen Meeres) unter denen zu merken sind: a) Negroponte (längs der nördlichen Küste der Halbinsel Attika; b) die Cykladen (zwischen Negroponte und Candia) nämlich Andra, Tine, Delos, Naxos, Mykone, Milo und andere; c) die Sporaden, bestehend aus: Taso, Samothraki, Imbro (N. vom 40. Par.), Lemnos (geschnitten vom 40. Par.), Mytilene (N. vom Smyrnabusen), Scio (gleich W. von der Halbinsel, welche von W. den Smyrnabusen einschließt), Samos (SSO von Scio), Stanchio (gleich W. vom Kap Chrio), Rhodos (N. vom 35. Par. n. Br., gleich O. vom 45. Merid.), Hydra und Spezzia mit andern; — 66) Cypern (geschnitten vom 35. Par. n. B., so wie vom 40. Merid.); — 67) Inseln innerhalb des Biscayischen Meerbusens, unter denen Rhé und Oleron (gleich N. von der Garonnemündung); — 68) Normandische Inseln (St. Malobusen) bestehend aus: a) Guernesey, b) Jersey u. a.; — 69) Brittische Inseln, bestehend, außer Groß-Britanien (dessen südlicher Theil England und dessen nördlicher Theil Schottland heißt), aus: a) Irland (geschnitten vom 55. Par. n. Br. und vom 10. Merid.); b) den Scilli-Inseln (geschnitten vom 50. Par., zwischen dem 10. Merid. und Landsend); c) Anglesea (l. Aengelsi), (ganz nahe an der westlichen Küste der Landspitze N. von der Cardiganbucht); d) Man (gleich N. von Anglesea); e) die Hebriden (zwischen dem 55. und 60. Par., 10. und 15. Merid.); f) die Orkadischen Inseln (geschnitten vom 15. Merid. zwischen Kap Duncansby und dem 60. Par.); g) Shetlands- (l. Schettlands) Inseln (geschnitten vom 60. Par. n. Br., O. vom 15. Merid.); h) Wight (l. Uait), (gleich S. von der Südküste Englands, O. vom 15. Merid.); — 70) Die Fär-Inseln (Färöar), (zwischen dem 60. und 65. Par. n. Br., gleich O. vom 10. Merid.); — 71) Inseln in den Mündungen der Schelde, des Rheins und der Maas; — 72) Inselreihe zwischen der westlichen Küste der Zuydersee und der Wesermündung; — 78) Helgoland (zwischen dem 25. Merid. und der Elbemündung); — 74) Inseln W. von Jütland, so wie N. und S. vom 55. Par.; — 75) Dänische Inseln, unter denen zu merken sind: a) Seeland (geschnitten vom 30. Merid. und, zu einem kleinen Theil, vom 55. Par.); b) Fühnen (od. Fyen, l. Füen) gleich N. vom 55. Par. n. Br., zwischen Seeland und Jütland); c) Samsö (gleich N.W. von Seeland); d) Anholt und Lessö (die erstere N. von der letztern, beide zwischen Seeland und Skagern); e) Möen (geschnitten vom 55. Par. und 30. Merid.); f) Falster (gleich W. von Möen); g) Laaland (l. Loland), (gleich W. von Falster); h) Langeland (geschnitten vom 55. Par. n. Br. zwischen Laaland und Fühnen); i) Alsen (geschnitten vom 55. Par. n. Br., zwischen Fühnen und Jütland); k) Arröe (gleich S. von Alsen); l) Femern (gleich O. von der Holsteinischen Halbinsel); m) Bornholm (tangirt vom 55. Par. n. Br., zwischen dem 30. und 35. Merid.); — 76) Hwen (l. Ween), (im Sunde zwischen Seeland und Skandinavien); — 77) Oeland (O. von der Küstenstrecke zwischen der Hanöbucht und dem Bråbusen, so wie W. vom 35. Merid.); — 78) Gothland (gleich O. vom 35. Merid., ungefähr mitten zwischen dem 55. und 60. Par. n. Br.); — 79) Die Ålandsscheeren, innerhalb deren Åland (tangirt vom 60. Par. n. Br., zwischen dem 35. und 40. Merid.); — 80) Dagö und Oesel (geschnitten vom 40. Merid., S. vom 60. Par. n. Br., die erstere N. von der letztern); — 81) Rügen (S. vom 55. Par. n. Br., O. vom 35. Merid.).

Moment 2.

Merke:

I. der Inseln und der Inselgruppen

A. Namen.

1) Oestliche und ein Theil der nördlichen und südlichen Küste von Island; 2) Nordskandinavische Scheeren; 3) Spitzbergen; 4) Kalgujew; 5) Nowaja Semlja; 6) Waigatzinsel; 7) Lenainseln; 8) Neu-Sibirische Inseln; 9) Läkowsche Inseln; 10) Ein Theil der Bäreninseln; 11) Kurilische Inseln, unter denen die Staaten-Insel zu merken; 12) Saghalin oder Tschoka; 13) Jeso (Mazumai); 14) Japanische Inseln, unter denen zu merken sind: a) Nipon, b) Kjusju, c) Xikoko; 15) Lekejo-Inseln; 16) Magellanische Inseln; 17) Formosa; 18) Hainan; 19) Paracelsinseln; 20) die Philippinen, unter denen vorzüglich zu merken: a) Luzon (Manilla); b) Palawan; c) Magindanao (Mindanao); 21) die Marianen (Ladronen- oder Räuber-Insel); 22) Pelew-Inseln; 23) die Carolinen; 24) die großen Sunda-Inseln, nämlich Sumatra, Borneo, Celebes und Java; 25) die kleinen Sunda-Inseln, unter denen zu merken sind a) Sumbavi, b) Flores, c) Timor; 26) die Molucken, unter denen a) Ceram, b) Amboina, c) die Banda-Inseln; 28) Neu-Guinea (die Papusinsel oder das Papusland); 29) Neu-Britannien; 30) Neu Ireland; 31) Admiralitätsinseln; 32) Salomonsinseln (Neu Georgien); 33) Van Diemens Land; 34) Mergui-Inseln; 35) Andamanische und Nikobarische Inseln (Andamanen und Nikobaren); 36) Ceylon; 37) die Lakediven und Malediven; 38) Sokotora; 39) Zanguebarinseln; 40) die Sechellen (bestehend aus den Amiranten und den Mahé-Inseln); 41) Comoro-Inseln; 42) Madagaskar; 43) die Maskarenen (Isle de France und Isle de Bourbon); 44) Kerguelensland; 45) St. Helena; 46) Ascension (die Himmelfahrtsinsel; 47) Guinea-Inseln, unter denen zu merken: a) Fernando del Po; b) die Prinzeninsel; c) St. Thomas; 48) die Bisagos-Inseln; 49) die südlichen Canarischen Inseln (größeren Theils), unter denen a) Teneriffa, b) Canaria; 50) die nördlichen Canarischen Inseln, unter denen Madeira; 51) die Pityusen (Yvica und Formentera); 52) die Balearen, nämlich: Mallorca und Menorca (Majorca und Mi-

norca); 53) die Hierischen Inseln; 54) Sardinien; 55) Corsica; 56) Elba; 57) Sicilien; 58) Liparische Inseln; 59) Ischia und Capri; 60) Malta; 61) Tremitische Inseln; 62) Dalmatische Inseln; 63) Jonische Inseln (Corfu, Cefalonia, Zante und Cerigo; 64) Candia; 65) Griechische Inseln (der griechische Archipel), unter denen a) Negropont (Egribo); b) die Cykladen (Andro, Tine, Delos, Naxos, Mykone, Milo und andere); c) die Sporaden (Taso, Samothraki, Imbro, Lemno oder Lemnos, Mytilene oder Lesbos, Scio, Samos, Stanchio oder Kos, Rhodos und andere; d) Hydra, Spezzia u. a.; 66) Cypern; 67) Rhé und Oleron; 68) Nomadische Inseln (Guernsey und Jersey); 69) Britische Inseln (Großbritannien oder England, Irland, die Scilly-Inseln oder Sorlinger, Anglesea, Man, die Hebriden oder westlichen Inseln, die Orkadischen Inseln oder Orkneys, zugleich mit Shetland und der Insel Wight; 70) Fär-Inseln (Färöar); 71) Inseln innerhalb der Rhein-, Maas- und Schelde-Mündungen; 72) Inselreihe zwischen der westlichen Küste der Zuydersee und der Wesermündung; 73) Helgoland; 74) Inseln westlich von Jütland und N. und S. vom 55. Par.; 75) Dänische Inseln (nämlich Seeland, Fühnen, Samsö, Anholt und Lessö, Möen, Falster, Laaland, Langeland, Alsen, Arrö, Fehmern, Bornholm u. a.); 76) Hwen; 77) Oeland; 78) Gothland; 79) Ålands-Scheeren (mit Åland); 81) Dagö und Oesel; 81) Rügen.

B. Lage.

1) Unbestimmte. Z. B. daß Island W. von der Westküste Skandinaviens; Spitzbergen N. von der Nordküste Skandinaviens; Kalgujew gleich N.O. von der Halbinsel Kanin liegt u. s. w. *)

2) Bestimmte. Z. B. daß Island vom 65. Par. n. Br., so wie dem 1. und 5. Merid.; Spitzbergen vom 80. Par. n. Br., so wie vom 30., 35. und 40. Merid. geschnitten wird u. s. w. *)

II. Die Namen und die Lage der durch die Konstruktion des Festlandes und der bereits aufgeführten Inseln entstehenden:

A. Meere.

1) Karameer (zwischen den Nowaja Semlja-Inseln und

*) Konstruire aus dem Gedächtniß.

der Halbinsel W. vom Obybusen; — 2) Kurilisches Meer (zwischen den Kurilen, Jeso und Saghalin); — 3) Tartarisches Meer (zwischen Jeso und Saghalin und der Küste des Festlandes); — 4) Japanisches Meer (zwischen Nipon und der Küste des Festlandes); — 5) das gelbe Meer, mit Einschluß des Petscheli- und Leaobusens (geschnitten vom 140. Merid. und 35. und 40. Par.); — 6) Nord-Chinesisches (blaues) Meer (zwischen Kiusiu, den Lekejo-Inseln, Formosa und der Küste des Festlandes; — 7) Süd-Chinesisches Meer (zwischen Formosa, Luzon, Palavan und des Küste des Festlandes); — 8) Hinter-Indisches Meer (zwischen Borneo und der Küste des Festlandes); — 9) Sunda-Meer (zwischen Borneo, Celebes, Sumatra, Java und Sumbavi); — 10) Bandameer (zwischen den Gewürzinseln, Timor, so wie den zwischen Timor und Neu-Guinea liegenden kleinern Inseln und Inselgruppen); — 11) Suluhmeer (zwischen Celebes, Magindanao, und den zwischen Magindanao und Borneo liegenden Suluhinseln); — 12) Mindoromeer (zwischen Luzon, Palawan, den Suluinseln, Magindanao und den zwischen Magindanao und Luzon liegenden Inseln); — 13) Mozambik-Kanal (zwischen Madagascar und der Küste des Festlandes); — 14) Toscanisches oder Tyrrhenisches Meer (zwischen Corsica, Sardinien und der Italienischen Küste); — 15) Jonisches Meer (zwischen Sicilien, der Strecke vom Kap Spartivento bis Kap Leuca, Candia, und der Strecke zwischen Kap Matapan und Kap Linguetta); — 16) Levantisches Meer (den östlichen Theil des Griechischen Meers und das Mittelmeer östlich von Candia umfassend); — 17) Tripolitanisches oder Syrtisches Meer (S. von einer Linie, gezogen von Kap Bon bis zum südöstlichen Ende von Sicilien und ferner bis zum Kap Sem); — 18) Corsarenmeer (S. von Sardinien und den Balearischen Inseln); — 19) Englischer Kanal oder La Manche (l. la Mangsch) (zwischen der Südküste Englands und dem Festlande): — 20) die Irische See (zwischen zwei Linien, gezogen, die eine von dem Solwaybusen die andere von dem südlichen Theil der Cardiganbucht nach Westen bis zu der östlichen Küste von Ireland); — 21) die Nordsee (zwischen England, Jütland und Skandinavien); — 22) Westfjord (zwischen dem südwestlichen Theil der Nordskandinavischen Scheeren und der Skandinavischen Küste.

B. Meerengen und Landengen.

1) Nördliche und südliche Waigatz-Straße (die erste zwischen der Insel Waigatz und Nowaja Semlja, die zweite zwischen der Insel Waigatz und dem Festlande); — 2) Straße La Peyrouse (l. Peruhs) (zwischen Saghalin und Jeso); — 3) Sangaar- oder Mazumai-Straße (zwischen Jeso und Nipon); — 4) Straße von Korea (zwischen Korea und Kjusju); — 5) Tajowan-Straße oder Fokien-Kanal (zwischen Formosa und der Küste des Festlandes); — 6) Malacca-Straße (zwischen Malacca und Sumatra); — 7) Sunda-Straße (zwischen Sumatra und Java); — 8) Macassar-Straße (zwischen Borneo und Celebes); — 9) Tones- oder Endeavours- (l. Endivers) Straße (zwischen Neu-Guinea und Kap York); — 10) Dampiers-Straße (zwischen Neu-Guinea und Neu-Britannien); — 11) Basses-Straße (zwischen Neu-Holland und Van Diemens Land); — 12) Palks- (l. Pahks) Straße (zwischen Ceylon und der Küste des Festlandes); — 13) Straße von Ormus; — 14) Bab el Mandeb; — 15) Straße von Gibraltar; — 16) Straße von Bonifacio (zwischen Corsica und Sardinien; — 17) Kanal oder Straße von Messina (das schmälste Gewässer zwischen der Italienischen Halbinsel und Sicilien); — 18) Kanal von Otranto (zwischen dem Adriatischen und dem Jonischen Meer); — 19) Straße der Dardanellen (Hellespont); — 20) Straße von Konstantinopel (den Bosphorus; — 21) Straße von Kaffa oder von Jenikale; — 22) Georges Kanal (der südliche Eingang der Irischen See); — 23) Nordkanal (nordwestlicher Eingang der Irischen See); — 24) Pentlands-Straße (zwischen den Orkadischen Inseln und Kap Duncansby); — 25) Straße von Calais (l. Kalä) (Verbindung des Engl. Kanals mit der Nordsee); — 26) Oeresund oder der Sund (zwischen Seeland und Skandinavien); — 27) der große Belt (zwischen Seeland und Fühnen); — 28) der kleine Belt (zwischen Fühnen und Jütland); — 29) die Landenge von Suez (welche die afrikanische Halbinsel mit der asiatischen verbindet); — 30) die Landenge Perekop (die Halbinsel Krimm mit dem Festlande verbindend).

§. 2.
Küstenbeschreibung des westlichen Festlandes und der Inseln der westlichen Halbkugel.

Erstes Stück.

Moment 1.

Bestimme — um den ersten Entwurf zur Küstenkonstruktion des westlichen Festlandes zu bilden — folgende Konstruktionspunkte:

1) Kap Froward (N. vom 55. Par. s. Br., O. vom 305. Merid.); — 2) Kap Consolation (N. vom 10. Par., zwischen dem 340. und 345. Merid.; — 3) Peña- (l. Peenja) Spitze (gleich N. vom 10. Par. n. Br., O. vom 315. Merid.); — 4) Mündung des Darien del Norte (S. vom 10. Par., gleich O. vom 300. Merid.); — 5) Busen von Vera Cruz (l. Crus) (S. vom 20. Par., O. vom 280. Merid.); — 6) Aranjuez- (l. Aranchues) Einfahrt (gleich S. vom 30. Par., gleich O. vom 280. Merid.); — 7) Vacassy-Bay (gleich S. vom 30. Par., gleich W. vom 295. Merid.); — 8) Kap Charles (l. Tscharls) (N. vom 50. Par., zwischen dem 320. und 325. Merid.); — 9) Eiskap (gleich N. vom 70. Par., zwischen 210. und 215. Merid.); — 10) Prinz-Wales (l. Uähls) -Kap (gleich S. vom nördl. Polarkreise, gleich W. vom 210. Merid.); — 11) Aeußerste Spitze der Halbinsel Alaschka (gleich S. vom 55. Par., gleich W. vom 215. Merid.); — 12) Behringsbay (gleich S. vom 60. Par., gleich W. vom 240. Merid.); — 13) Kap St. Lukas (mitten zwischen dem 20. und 25. Par., zwischen dem 265. und 270. Merid.); — 14) Mariato-Spitze (zwischen dem 5. und 10. Par., zwischen dem 295. und 300. Merid.); — 15) Busen von Arica (zwischen dem 15. und dem 20. Par. s. Br., O. vom 305. Merid.; — 16) Kap Froward.

Moment 2.

Merke der Konstruktionspunkte:

A. Namen.

1) Kap Froward; 2) Kap Consolation; 3) Peña-Spitze; 4) Mündung des Darien del Norte; 5) Busen von Vera Cruz;

6) Aranjuez=Einfahrt; 7) Bacassy=Bay; 8) Kap Charles; 9) Eiskap; 10) Prinz Wales Kap; 11) Aeußerste Spitze der Halbinsel Alaschka; 12) Behringsbay; 13) Kap St. Lukas; 14) Mariato=Spitze; 15) Busen von Arica.

B. Lage.

1. Unbestimmte. Daß z. B. die Küstenrichtung von Kap Froward: a) nach N.O. zum Kap Consolation, b) nach N.W. zur Peña=Spitze u. s. w. geht. *)

2. Bestimmte.

a) Parallellage. Z. B. daß Kap Froward N. vom 55. Par. liegt u. s. w.

b) Meridianlage. Z. B. daß Kap Froward O. vom 305. Merid. liegt u. s. w.

c) Parallel= und Meridianlage. Z. B. daß Kap Froward N. vom 55. Par., O. vom 305. Merid. liegt. *)

*) Konstruire aus dem Gedächtniß.

Zweites Stück.

Moment 1.

Bestimme — um den zweiten Entwurf der Küstenkonstruktion des westlichen Festlandes zu bilden — folgende Konstruktionspunkte:

1) Kap Froward; — 2) Weiße Bay (N. vom 40. Par. s. Br., gleich O. vom 315. Merid.); — 3) Kap Frio (gleich N. vom südl. Wendekreise, gleich O. vom 335. Merid.); — 4) Kap Consolation; — 5) Kap St. Roque (l. Roke) (gleich S. vom 5. Par., O. vom 340. Merid.); — 6) Mündung des Amazonenstromes (gleich S. vom Aequator, O. vom 325. Merid.); — 7) Kap Orange (l. Orangsch) (gleich S. vom 5. Par. n. Br., O. vom 325. Merid.); — 8) Peña=Spitze; — 9) Galinas=Spitze (mitten zwischen dem 10. und 15. Par., gleich O. vom 305. Merid.); — 10) Mündung des Darien del Norte; — 11) Kap Catoche (l. Katotsche) (mitten zwischen dem nördlichen Wendekreise und dem 20. Par., gleich O. vom 290. Merid.); — 12) Busen von Vera Cruz; — 13) Aranjuez=Einfahrt; — 14) Ba=

cassy=Bay; — 15) Kap Sable (l. Sähbl) (im 25. Par., zwischen dem 295. und dem 300. Merid.); — 16) Chesapeak (l. Tschisapik) Bay (gleich S. vom 40. Par., gleich O. vom 300. Merid.); — 17) Nordöstlichste Spitze von Neu=Schottland (im 45. Par., zwischen dem 315. und 320. Merid.); — 18) Mündung des St. Laurenz=Stromes (S. vom 50. Par., gleich O. vom 310. Merid. ; — 19) Kap Charles; — 20) Kap Wostenholm (zwischen dem 60. und 65. Par., im 300. Merid.); — 21) Südlichster Punkt der Hudsonsbay (N. vom 50. Par., W. vom 300. Merid.); — 22) Mündung des Seekalb=Flusses (S. vom 60. Par., zwischen dem 280. und 285. Merid.); — 23) Nördlichster bekannter Punkt der Ostküste des Festlandes (in der Nähe des 70. Par. und des 300. Merid.).

Moment 2.

Merke der Konstruktionspunkte:

A. Namen.

1) Kap Froward; 2) Weiße Bay (Bahia Blanca); 3) Kap Frio; 4) Kap Consolation; 5) Kap St. Roque; 6) Mündung des Amazonenstromes; 7) Kap Orange; 8) Peña=Spitze; 9) Galinas=Spitze; 10) Mündung des Darien del Norte; 11) Kap del Norte; 11) Kap Catoche; 12) Busen von Vera Cruz; 13) Aranjuez=Einfahrt; 14) Bacassy=Bay; 15) Kap Sable; 16) Chesapeake=Bay; 17) Nordöstlichste Spitze von Neuschottland oder Nova Scotia; 18) Mündung des St. Laurenz=Stromes; 19) Kap Charles; 20) Kap Wostenholm; 21) Südlichster Punkt der Baffinsbay; 22) Mündung des Seekalb=Flusses; 23) Nördlichster bekannter Punkt der Ostküste des Festlandes.

B. Lage.

1. Unbestimmte. Z. B. daß vom Kap Froward die Küstenrichtung zuerst nach N.N.O. zur Weißen Bay, dann nach N.O. zum Kap Frio u. s. w. geht. *)

2. Bestimmte.

a) Parallellage, z. B. daß die Weiße Bay N. vom 40. Par., Kap Frio gleich N. vom südl. Wendekreise u. s. w. liegen.

*) Konstruire aus dem Gedächtniß.

b) Meridianlage, z. B. daß die Weiße Bay gleich O. vom 315. Merid., Kap Frio gleich O. vom 335. Merid. u. s. w. liegen.

c) Parallel- und Meridianlage. Z. B daß die weiße Bay N. vom 40. Par. und gleich O. vom 315. Merid.; Kap Frio gleich N. vom südl. Wendekreise, gleich O. vom 335. Merid. u. s. w. liegen. *)

*) Konstruire aus dem Gedächtniß.

Drittes Stück.

Moment 1.

Bestimme ferner:

1) Kap Froward; — 2) Nördlicher Ausgang der Dreieinigkeitsstraße (gleich N. vom 50. Par., zwischen dem 300. und dem 305. Merid.); — 3) Lavapié-Spitze (S. vom 35. Par. s. Br., W. vom 305. Merid.); — 4) Mündung des Flusses von Quillota (l. Killjota) (N. vom 35. Par., O. vom 305. Merid.); — 5) Busen von Arica; — 6) Parina-Spitze (gleich N. vom 5. Par., gleich O. vom 295. Merid.); — 7) Bay des Darien del Sur (S. vom 10. Par., gleich W. vom 300. Merid.); — 8) Mariato-Spitze; — 9) Kap St. Lukas; — 10) Vorgebirge Buchon (l. Butschon) (gleich S. vom 35. Par., O. vom 255. Merid.); — 11) Oestlichster Theil des Meerbusens von Georgien (S. vom 50. Par., O. vom 255. Merid.); — 12) Behringsbay (gleich S. vom 60. Par., gleich W. vom 240. Merid.); — 13) Busen von Kenaisk (innerster Theil, N. vom 60. Par., gleich W. vom 230. Merid.); — 14) Punkt an der Südküste der Halbinsel Alaschka, nördlich vom Ausgange der Kenaisk-Straße (zwischen dem 55. und 60. Par., zwischen dem 220. und 225. Merid.); — 15) Aeußerste Spitze der Halbinsel Alaschka; — 16) Innerster Punkt der Bristol-Bay (im 60. Par. und 225. Merid.); — 17) Kap Newenham (l. Njunhäm) (S. vom 60. Par., gleich O. vom 210. Merid.); — 18) Prinz Wales Kap; — 19) Eiskap.

Moment 2.

Merke der Konstruktionspunkte:

A. Namen.

1) Kap Froward; 2) Nördlicher Ausgang der Dreieinigkeitsstraße; 3) Lavapié-Spitze; 4) Mündung des Flusses von Quillota; 5) Bucht von Arica; 6) Parina-Spitze; 7) Bay des Darien del Sur; 8) Mariato-Spitze; 9) Kap St. Lukas; 10) Vorgebirge Buchon (Morro del Buchon); 11) Oestlicher Theil des Meerbusens von Georgien; 12) Behringsbay; 13) Busen von Kenaisk; 14) Punkt an der Südküste der Halbinsel Alaschka, nördlich vom Ausgange der Kenaisk-Straße; 15) Aeußerste Spitze der Halbinsel Alaschka; 16) Innerster Punkt der Bristol-Bay; 17) Kap Newenham; 18) Prinz Wales Kap; 19) Eiskap.

B. Lage.

1. Unbestimmte. Z. B. daß die Küstenrichtung von Kap Forward nach N.W. zum nördlichen Ausgange der Dreieinigkeitsstraße, weiter nach N. N. O. zur Lavapié-Spitze u. s. w. geht *).

2. Bestimmte.

a) Parallel-Lage. Z. B. daß der nördl. Ausgang der Dreieinigkeitsstraße S. vom 35. Par. liegt u. s. w.

b) Meridianlage. Z. B. daß der nördl. Ausgang der Dreieinigkeitsstraße W. vom 305. Merid. liegt u. s. w.

c) Parallel- und Meridianlage. Z. B. daß der nördl. Ausgang der Dreieinigkeitsstraße S. vom 35. Par. und W. vom 305. Merid. u. s. w. *)

*) Konstruire aus dem Gedächtniß.

Viertes Stück.

Moment 1.

Bestimme — um die Küstenkonstruktion zu vollenden — folgende Busen, Halbinseln und Küstenstrecken:

1) Küstenstrecke zwischen Kap Froward und Kap las Virgines (zwischen dem 50. u. 55. Par. s. Br., gleich W. vom 310. Merid. endend); — 2) Bucht zwischen Kap las

Virgines und Kap Watchman (l. Uatschmänn) (geschnitten vom 50. Par. und vom 310. Merid.); — 3) Kurze Strecke zwischen Kap Watchman und Kap Blanco; — 4) St. Georgs-Busen (tangirt vom 310. Merid., S. vom 45. Par.); — 5) Strecke zwischen St. Georgs-Busen und St. Antonio-Busen (endend in der Halbinsel St. Josef, zwischen dem 40. und 45. Par., gleich W. vom 315. Merid.) — 6) St. Antonio-Busen (endend in der Rubia-Spitze, gleich S. vom 40. Par., gleich O. vom 315. Merid.); — 7) Bucht und Küstenstrecke zwischen der Rubia-Spitze und Kap Corrientes (geschnitten vom 40. Par. und dem 320. Merid.), innerhalb welcher die Weiße Bay; — 8) Mündung und Busen des Platastroms (geschnitten vom 35. Par. und dem 320. Merid.); — 9) Strecke zwischen dem Busen des Platastromes und dem Vorgebirge (Morro) von Santa Maria (geschnitten vom 30. Par. und 325. Merid.); — 10) Bucht zwischen dem Vorgebirge von Santa Maria und Kap Frio (in der Mitte geschnitten vom 25. Par. und vom 330. Merid.); — 11) Strecke vom Kap Frio bis zur Allerheiligenbay (geschnitten vom 15. und 20. Par. zwischen dem 335. und 340. Merid.); — 12) Allerheiligenbay (mitten zwischen dem 10. und 15. Par., gleich W. vom 340. Merid.); — 13) Strecke zwischen der Allerheiligenbay und Kap Consolation (geschnitten vom 10. Par. und vom 340. Merid.); — 14) Strecke zwischen Kap Consolation und Kap St. Roque; — 15) Strecke zwischen Kap St. Roque und der Bay von Maranham (l. Maranjang) (geschnitten im Norden vom 5. Par. durch den 335. und 340. Merid.); — 16) Bay von Maranham (zwischen dem Aequator und dem 5. Par., W. vom 335. Merid.); — 17) Strecke zwischen der Bay von Maranham und dem Busen des Amazonenstromes (geschnitten vom 330. Merid., S. vom Aequator); — 18) Mündung und Busen des Amazonenstromes (geschnitten vom Aequator zwischen dem 325. u. 330. Merid., innerhalb welches Busens die Mündung des Tocantins oder Grão (l. Graung) Pará (S. vom Aequator, ungefähr mitten zwischen dem 325. und 330. Merid.); — 19) Strecke zwischen der Mündung des Amazonenstromes und Cap Orange; — 20) Strecke zwischen Kap Orange und der Pena-

Spitze, innerhalb welcher: a) die Essequebo-Mündung (zwischen dem 5. u. 10. Par. n. Br., gleich W. vom 320. Merid.); b) die Orinoco-Mündungen (S. vom 10. Par., O. vom 315. Merid.); c) der Paria-Busen (geschnitten vom 10. Par., und vom 315. Merid.; — 21) Strecke zwischen der Pena-Spitze und der Galinas-Spitze, innerhalb deren: a) der Golfo de Triste (geschnitten vom 310. Merid.); b) der Busen von Maracaybo (N. vom 10. Par., zwischen 305. und 310. Merid.); — 22) Strecke zwischen der Galinas-Spitze und der Bay des Darien del Norte; — 23) Bay des Darien del Norte; — 24) Bay von Guatimala (deren Küsten vom 10. und 15. Par. n. Br. und vom 295. Merid. geschnitten werden); — 25) Hondurasbay (deren Südküste gleich N. vom 15. Par. und deren Westküste geschnitten vom 290. Merid.); — 26) Halbinsel Yucatan (deren nordöstlichster Punkt Kap Catoche ist), geschnitten vom 20. Par. und 290. Merid.; — 27) Westliche und Nördliche Küste des Mexicanischen Meerbusens, innerhalb welcher: 1° die Strecke zwischen der Halbinsel Yucatan und der Aranjuez-Einfahrt (zwischen dem 20. und 30. Par., im 280. Merid.); 2° Strecke zwischen der Aranjuez-Einfahrt und der Bacassy-Bay, innerhalb welcher die Missisippi-Mündungen (geschnitten vom 30. Par. zwischen 285. und 290. Merid.); — 28) Halbinsel Florida (geschnitten vom 25. Par. und 295. Merid.); — 29) Strecke zwischen der Halbinsel Florida und der Chesapeak-Bay; — 30) Chesapeak-Bay; — 31) Strecke zwischen der Chesapeak-Bay und Kap Cod (zwischen dem 40. und 45. Par., zwischen dem 305. u. 310. Merid. endend), innerhalb welcher der Long-Island- (l. Eiland) Sund (geschnitten vom 305. Merid., gleich N. vom 40. Par.); — 32) Busen zwischen Kap Cod und Kap Sable (welcher letztere Punkt S. vom 45. Par., zwischen dem 310. und 315. Merid.), innerhalb dessen a) Kap-Cod-Bay und Massachusets-Bay (zwischen 40. und 45. Par., 305. und 310. Merid.); b) die Fundy-Bay (geschnitten vom 45. Par., vom 310. bis fast zum 315. Merid.); — 33) Halbinsel Neu-Schottland (geschnitten vom 45. Par. und 315. Merid.); — 34) St. Laurenz-Busen, vom äußersten östlichen Punkte der Halbinsel Neu-Schottland bis Kap Charles, innerhalb desselben die

Mündung des St. Laurenz-Stromes; — 35) Strecke 1° zwischen Kap Charles und Kap Chidley (l. Tschidli), im 60. Par., W. vom 315. Merid. endend; 2° zwischen Kap Chidley und Kap Wostenholm, innerhalb welcher die Ungava- oder Süd-Bay (geschnitten vom 60. Par. und 310. Merid.); 3° zwischen Kap Wostenholm und dem südlichsten Punkte der Hudsons-Bay, innerhalb welcher die Richmond- (l. Ritschmond) Bay (N. vom 55. Par. geschnitten vom 300. Merid.); — 36) Strecke 1° zwischen dem südlichsten Punkte der Hudsons-Bay und Kap Henriette (gleich N. vom 55. Par., im 295. Merid. endend); 2° zwischen Kap Henriette und der Fort-York-Bay (zwischen dem 55. und 60. Par. im 285. Merid. endend); 3° zwischen der Fort-York-Bay und der Mündung des Seekalb-Flusses; 4° zwischen der Mündung des Seekalb-Flusses und der Chesterfields- (l. Tschesterfields) Einfahrt (S. vom 65. Par., W. vom 290. Merid. endend); — 37) Chesterfields-Einfahrt (gleich S. vom 65. Par., zwischen dem 280. und 290. Merid.); — 38) Strecke zwischen der Chesterfields-Einfahrt und dem nördlichsten bekannten der Ostküste des Festlandes, innerhalb welcher die Ostküste der Halbinsel Melville; — 39) Halbinsel Melville (zwischen dem nördl. Polarkreise und dem 70. Par., vom 295. Merid. geschnitten).

Moment 2.

Merke der Busen, Halbinseln und Küstenstrecken:

A. Namen.

1) Strecke zwischen Kap Froward und Kap las Virgines; 2) Bucht zwischen Kap las Virgines und Kap Watchman; 3) Strecke zwischen Kap Watchman und Kap Blanco; 4) St. Georgs-Busen; 5) Strecke zwischen St. Georgs-Busen und St. Antonio-Busen, endend mit der Halbinsel St. Joseph; 6) St. Antonio-Busen; 7) Bucht und Küstenstrecke zwischen der Rubia-Spitze und Kap Corrientes, innerhalb welcher die weiße Bay; 8) Mündung und Busen des Platastromes; 9) Strecke zwischen dem Busen des Platastromes und dem Vorgebirge von Santa Maria; 10) Bucht zwischen dem Vor-

gebirge von Sta. Maria und Kap Frio; 11) Strecke vom Kap Frio bis zur Allerheiligen-Bay; 12) Allerheiligen-Bay (Bahia de todos os Santos); 13) Strecke zwischen der Allerheiligen-Bay und Kap Consolation; 14) Strecke zwischen Kap Consolation und Kap St. Roque; 15) Strecke zwischen Kap St. Roque und der Bay von Maranham; 16) Bay von Maranham; 17) Strecke zwischen der Bay von Maranham und dem Busen des Amazonenstromes; 18) Mündung und Busen des Amazonenstromes, innerhalb dessen die Mündung des Tocantins oder Grão Para; 19) Strecke zwischen der Mündung des Amazonenstromes und Kap Orange; 20) Strecke zwischen Kap Orange und der Peña-Spitze, innerhalb welcher: a) Essequebo-Mündung, b) Orinoco-Mündungen, c) Paria-Busen; 21) Strecke zwischen der Paña-Spitze und der Galinas-Spitze, innerhalb welcher a) der Golfo de Triste, b) der Busen von Maracaybo; 22) Strecke zwischen der Galinas-Spitze und der Bay des Darien del Norte; 23) Bay des Darien del Norte; 24) Bay von Guatimala; 25) Honduras-bay; 26) Halbinsel Yucatan; 27) Westliche und nördliche Küste des Mexicanischen Meerbusens, innerhalb welcher 1° die Strecke zwischen der Halbinsel Yukatan und der Aranjuez-Einfahrt, 2° Strecke zwischen der Aranjuez-Einfahrt und der Bacassy-Bay, innerhalb welcher die Missisippi-Mündungen; 28) Halbinsel Florida; 29) Strecke zwischen der Halbinsel Florida und der Chesapeak-Bay; 30) Chesapeak-Bay; 31) Strecke zwischen der Chesapeak-Bay und Kap Cod, innerhalb welcher der Long Esland Sund; 32) Busen zwischen Kap Cod und Kap Sable, innerhalb dessen a) Kap Cod-Bay und Massachusets-Bay; b) die Fundy-Bay; 33) Halbinsel Neu-Schottland (Nova Scotia); 34) St. Laurenz-Busen, innerhalb dessen die Mündung des St. Laurenz-Stromes; 35) Strecke 1° zwischen Kap Charles und Kap Chidley; 2° zwischen Kap Chidley und Kap Wostenholm, innerhalb welcher die Ungava- oder Süd-Bay; 3° zwischen Kap Wostenholm und dem südlichsten Punkte der Hudsons-Bay, innerhalb welcher die Richmont-Bay; 36) Strecke 1° zwischen dem südlichsten Punkte des Hudson-Busens und Kap Henriette; 2° zwischen Kap Henriette und der Fort-York-Bay; 3° zwischen der Fort-York-Bay und der Mündung des Sukalb-Flusses; 4° zwischen der Mündung des Seekalb-Flusses und der Chesterfield's-Einfahrt; 37) Chesterfield's-Einfahrt; 38) Strecke zwischen der Chesterfield's-Einfahrt und dem nördlichsten bekannten Punkte der Ostküste des Festlandes, innerhalb welcher die Ostküste der Halbinsel Melville; 39) Halbinsel Melville.

B. Lage.

1. Unbestimmte. Z. B. daß von Kap Froward auf der Ostküste der Reihe nach einander folgen: a) Strecke zwischen Kap Froward und Kap las Virgines; b) Bucht zwischen Kap Virgines und Kap Watchman u. s. w. *).

2. Bestimmte.

a) Parallel-Lage. Z. B. daß die Strecke zwischen Kap Froward und Kap las Virgines zwischen dem 50. und 55. Par. endet u. s. w.

b) Meridianlage. Z. B. daß die Strecke zwischen Kap Froward und Kap las Virgines gleich W. vom 310. Merid. endet.

c) Parallel- und Meridianlage. Z. B. daß die Strecke zwischen Kap Forward und Kap las Virgines zwischen dem 50. und 55. Par. und gleich W. vom 310. Merid. endet u. s. w. *)

---

*) Konstruire aus dem Gedächtniß.

Fünftes Stück.

Moment 1.

Bestimme weiter:

1) Strecke 1° zwischen Kap Froward und dem nördl. Ende der Dreieinigkeits-Straße; 2° zwischen dem nördl. Ende der Dreieinigkeits-Straße und der Lavapié-Spitze, innerhalb welcher: a) Peña-Busen (in der Mitte zwischen dem 45. u. 50. Par. s. Br., so wie zwischen dem 300. und 305. Merid.); b) Halbinsel der drei Berge (N. vom Peñas-Busen); c) Bucht zwischen der Halbinsel der drei Berge und der Maulin-Spitze (endend S. vom 40. Par., W. vom 305. Merid.); 3° zwischen der Lavapié-Spitze und der Mündung des Flusses von Quillota (l. Kiljota); 4° zwischen der Mündung des Flusses von Quillota und der Bucht von Arica; 5° zwischen der Bucht von Arica und Kap Parina; 6° zwischen Kap Parina und der Bay des Darien del Sur, innerhalb welcher a) Busen von Guayaquil (l. Guajakil) gleich

N.O. vom Parina; b) die Bay von Choco (l. Tschoco) oder Buenaventura (geschnitten vom 300. Merid. S. vom 5. Par. n. B.); — 2) Busen von Panama (zwischen dem 5. und 10. Par., W. vom 300. Merid.); — 3) Strecke zwischen dem Busen von Panama und der Mündung des Rio Grande (endigend zwischen dem 20. Par. und dem nördlichen Wendekreise, dem 270. und 275. Merid.), innerhalb welcher a) die kleine Halbinsel W. vom Panamabusen, b) Bay von Nicoya (geschnitten vom 10. Par. zwischen dem 290. und 295. Merid.), c) Papagayo-Busen (gleich N. vom 10. Par. zwischen dem 290. und 295. Merid.), d) Bay von Conchagua (l. Contschagua), geschnitten vom 290. Merid., S. vom 15. Par., e) Busen von Tehuantepec (N. vom 15. Par., ungefähr vom 280. bis 285. Merid.); — 4) Meerbusen von Californien (geschnitten vom nördlichen Wendekreise, dem 25. und 30. Par., dem 265. und 270. Merid.); — 5) Halbinsel Californien (geschnitten vom nördl. Wendekreise, dem 25. u. 30. Par. und dem 265. Merid.); — 6) Strecke 1° zwischen der Halbinsel von Californien und dem Morro del Buchon; 2° zwischen Morro del Buchon und Kap Flattery (endigend zwischen dem 45. und 50. Par., W. vom 255. Merid.), innerhalb welcher die Frischwasserbay (S. vom 40. Par., W. vom 255. Merid.); 3° zwischen Kap Flattery und dem östlichsten Puncte des Busens von Georgien, innerhalb welcher der Pugets-Sund; 4° zwischen dem östlichsten Punkte des Busens von Georgien und dem Ausgange des Königin-Charlotten-Sundes (endigend N. vom 50. Par. im 250. Merid.); 5° zwischen dem Königin-Charlotten-Sunde und dem nordöstlichsten Theile des Kreuz-Sundes (endigend S. vom 60. Par., zwischen dem 240. und 245. Merid.); 6° zwischen dem nordöstlichsten Theile des Kreuz-Sundes und der Behringsbay; 7° zwischen der Behringsbay und Prinz-Williams- (l. Uilliems) Sund (endigend N. vom 60. Par., O. vom 230. Merid.); — 7) Halbinsel zwischen Prinz-Williams-Sund und dem Busen von Kenaisk (geschnitten vom 60. Par. und 230. Merid.); — 8) Busen von Kenaisk (geschnitten vom 60. Par., vom 230. bis über den 220. Merid.); — 9) Halbinsel Alaschka (von etwas W. vom 230. bis etwas W. vom 215. Merid., vom 60.

bis S. vom 55. Par.); — 10) Bristol-Bay (vom 55. bis 60. Par., vom 215. bis 225. Merid.); — 11) Halbinsel zwischen Bristol-Bay und Norton-Sund (geschnitten vom 60. Par. und 215. Merid.); — 12) Norton-Sund (tangirt vom 65. Par. und geschnitten in seiner Mitte vom 215. Merid.); — 13) Halbinsel zwischen Norton-Sund und Kotzebues-Sund (geschnitten vom 65. Par., dem nördl. Polarkreise und dem 210. und 215. Merid.); — 14) Kotzebues-Sund (N. vom nördl. Polarkreise, vom 210. bis mitten zwischen 215. und 220. Merid.); — 15) Strecke: 1° vom Kotzebues-Sund bis zum Eiskap; 2° vom Eiskap bis zum nördlichsten bekannten Punkte der Westküste des Festlandes, etwa im 220. Merid., N. vom 70. Par.; — 16) das bekannte Stück der Nordküste der Halbinsel Nordamerika (geschnitten vom 70. Par., vom 230. bis 270. Merid.).

Moment 2.

Merke:

1) der Busen, Halbinseln und Küstenstrecken:

A. Namen.

1) Strecke: 1° zwischen Kap Froward und dem nördl. Ende der Dreieinigkeits-Straße (Trinidad-Straße); 2° zwischen dem nördl. Ende der Dreieinigkeits-Straße und der Lavapié-Spitze, innerhalb welcher a) Peñas-Busen, b) Halbinsel der drei Berge (H. de tres Montes), c) Bucht zwischen der Halbinsel der drei Berge und der Maulin-Spitze; 3° zwischen der Lavapié-Spitze und der Mündung des Flusses von Quillota; 4° zwischen der Mündung des Flusses von Quillota und der Bucht von Arica; 5° zwischen der Bucht von Arica und Kap Parina; 6° zwischen Kap Parina und der Bay des Darien del Sur, innerhalb welcher a) Busen von Guayaquil, b) Bay von Choco; 2) Busen von Panama; 3) Strecke zwischen dem Busen von Panama und der Mündung des Rio Grande, innerhalb welcher a) die kleine Halbinsel W. vom Busen von Panama, b) Bay von Nicoya, c) Papagaya-Busen, d) Bay von Conchagua, e) Busen von Tchuantepec; 4) Meerbusen von Californien; 5) Halbinsel von Californien; 6) Strecke: 1° zwischen der Halbinsel von Californien und dem Morro del Buchon; 2° zwischen dem Morro del Buchon und Kap Flattery, innerhalb welcher die Frischwasser-

bay; 3° zwischen Kap Flattery und dem östlichsten Punkte des Busens von Georgien, innerhalb welcher der Pugets-Sund; 4° zwischen dem östlichsten Punkte des Busens von Georgien und dem Ausgange des Königin-Charlotten-Sundes; 5° zwischen dem Königin-Charlotten-Sunde und dem nordöstlichsten Theile des Kreuz-Sundes (Croß-S.); 6° zwischen dem nordöstlichsten Theile des Kreuz-Sundes und der Behringsbay; 7° zwischen der Behringsbay und Prinz-Williams-Sund; 7) Halbinsel zwischen Prinz-Williams-Sund und dem Busen von Kenaisk; 8) Busen von Kenaisk; 9) Halbinsel Alaschka; 10) Bristol-Bay; 11) Halbinsel zwischen Bristol-Bay und Norton-Sund; 12) Norton-Sund; 13) Halbinsel zwischen Norton-Sund und Kotzebues-Sund; 14) Kotzebues-Sund; 15) Strecke 1° vom Kotzebues-Sund bis zum Eiskap; 2° vom Eiskap bis zum nördlichsten bekannten Punkte der Westküste des Festlandes; 16) das bekannte Stück der Nordküste der Halbinsel Nordamerika.

B. Lage.

1. Unbestimmte. Z. B. daß vom Kap Froward auf der Westküste der Reihe nach einander folgen: 1) Strecke: 1° zwischen Kap Froward und dem nördl. Ende der Dreieinigkeits-Straße, 2° zwischen dem nördl. Ende der Dreieinigkeits-Straße und der Lavapié-Spitze u. s. w. *).

2. Bestimmte.

a) Parallel-Lage. Z. B. daß die Strecke vom Kap Froward bis zum nördl. Ende der Dreieinigkeits-Straße vom 50. Par. s. Br. geschnitten wird u. s. w.

b) Meridianlage. Z. B. daß die Strecke vom Kap Froward bis zum nördl. Ende der Dreieinigkeits-Straße vom 305. Merid. geschnitten wird u. s. w.

c) Parallel- und Meridianlage. Z. B. daß die Strecke vom Kap Froward bis zum nördl. Ende der Dreieinigkeits-Straße vom 50. Par. s. Br. und 305. Merid. geschnitten wird u. s. w. *).

II) Namen und Lage der durch die bisher angegebene Küstenkonstruktion, außer den aufgezählten, noch gebildeten Räume:

1) Halbinsel Südamerica (das ganze Festland im S. einer Linie, welche von der Bay des Darien del Norte nach der Bay des Darien del Sur gezogen wird); 2) Halbinsel Nord-

*) Konstruire aus dem Gedächtniß.

amerika (das ganze Festland im Norden der von der Bay des Darien del Norte nach der Bay des Darien del Sur gezogenen Linie), wozu gehören: a) Mexicanischer Meerbusen (geschlossen durch eine Linie, welche von der Spitze der Halbinsel Yucatan nach der Spitze der Halbinsel Florida gezogen wird); b) Halbinsel Labrador (N. von einer Linie zwischen der Mündung des St. Lorenzo-Stromes und dem südlichsten Punkte der Hudsons-Bay); c) Hudsons-Bay (der ganze Busen im S.W. des 300. Merid. zwischen Kap Wostenholm und dem nördlichsten bekannten Punkte der Ostküste des Festlandes), deren südlichster Theil St. James- (l. St. Dschämes) Bay heißt.

Sechstes Stück.

Moment 1.

Bestimme ferner folgende Inseln der westlichen Halbkugel:

1) Feuerland (geschnitten vom 55. Par. s. B. und vom 305. und 310. Merid.); — 2) Die Falkland-Inseln (zwischen dem 50. und 55. Par., W. vom 320. Merid.); — 3) Insel Süd-Georgien (N. vom 55. Par., O. vom 340. Merid.); — 4) Archipel von Süd-Schetland mit der Küste des Dreieinigkeitslandes (zwischen dem 60. und 65. Par. vom 310. bis 325. Merid. geschnitten); — 5) Süd-Orkaden (gleich S. vom 60. Par., O. vom 330. Merid.); — 6) Archipel Sandwich- (l. Sänduitsch) Land (zwischen dem 55. und 60. Par., zwischen dem 350. und 355. Merid.); — 7) Insel Marajo (l. Marascho), im Busen des Amazonenstromes; — 8) Westindien oder die sämmtlichen Inseln zwischen der Ostküste des westlichen Festlandes und dem 320. Merid., so wie zwischen dem 10. und 30. Par. n. Br., bestehend: 1° aus den großen Antillen: a) Cuba (geschnitten vom 295. und 300. Merid., zwischen dem 20. Par. und dem nördl. Wendekreise); b) Hayti (gleich S. vom 20. Par., gleich W. vom 310. Merid. und geschnitten vom 305. Merid.); c) Puertorico (gleich O. von Hayti); d) Jamaica (gleich W. von Hayti, gleich S. von Cuba, im 300. Merid.); 2° aus den kleinen Antillen, welche sich wieder theilen in: A) die Jungferinseln (gleich O. von Puertorico); B) die Inseln im Winde (von den Jungferninseln bis etwas N. von der Peña-Spitze geschnitten,

vom 15. Par. und 315. Merid.), worunter die bedeutendsten: a) Guadeloupe (l. Guadelupe) gleich S.O. von den Jungferninseln; b) Dominique (l. Dominike) gleich N. vom 15. Par.; c) Martinique (l. Martinike) gleich S. vom 15. Par.; C) die Inseln unter dem Winde (gleich N. von der Küste des Festlandes zwischen der Orinoxo-Mündung und der Galinas-Spitze) von denen die bedeutendsten: a) Trinidad (gleich O. vom Busen von Paria, gleich N. vom 10. Par.); b) Margarita (gleich N. vom Festlande, etwas W. vom 15. Merid.); c) Curaçao (gleich N. vom Festlande zwischen dem Busen von Maracaybo und dem 310. Merid.); 3° aus den Bahama-Inseln (zwischen Hayti und der Ostküste der Halbinsel Florida, geschnitten von dem 25. Par., dem nördl. Wendekreise und dem 300. und 305. Merid.) von denen eine der bedeutendsten: Guanahani (gleich N. vom nördl. Wendekreise, zwischen dem 300. und 305. Merid.); — 9) Die Bermudas (zwischen dem 30. und 35. Par., zwischen dem 310. und 315. Merid.); — 10) Long Island (l. Eiland), geschnitten vom 305. Merid., zwischen der Küste des Festlandes und dem 40. Par.; — 11) Neu-Fundland (vor dem St. Laurenz-Busen, geschnitten vom 50. Par. und vom 320. und 325. Merid.); — 12) Insel Kap-Breton (ebenfalls vor dem St. Laurenz-Busen, zwischen Neu-Fundland und der westlichen Spitze von Neu-Schottland); — 13) St. John (l. Tschohn), gleich N. von Neu-Schottland, gleich W. von Kap Breton; — 14) Anticosti, im St. Laurenz-Busen vor der Mündung des St. Laurenz; — 15) Insel Southampton (l. Sauthämtn), (vom 65. bis N. vom 60. Par., geschnitten vom 295. Merid.); — 16) der bekannte Theil der Küsten von Baffins-Land (geschnitten vom 65. und 70. Par. und dem 290. bis 315. Merid.); — 17) der bekannte Theil der Küsten von Grönland (geschnitten vom 60. bis 75. Par. und muthmaßlich etwa vom 285. bis 355. Merid.); — 18) Südküsten der nördlichen Georgs-Inseln (zwischen dem 265. und 285. Merid. vom 75. Par. tangirt und geschnitten), worunter die größte und westlichste die Melville-Insel; — 19) der westl. und größere Theil von Island (geschnitten vom 65. Par., vom 355. bis 360. (oder 1.) Merid.); — 20) die Azorischen Inseln, zwischen dem 35. und 40. Par., zwischen dem 345. und 355. Merid.), wovon die bedeutendste St. Michaël; — 21) Ein Theil der südl. Canarischen Inseln (zwischen 25. und 30. Par. n. Br., gleich W. vom 1. Merid.); — 22) Inseln des grünen Vorgebirges (theils geschnitten, theils nördlich liegend vom 15. Par., theils geschnitten, theils westlich liegend vom 355. Merid.); — 23) Neu-Seeland geschnitten vom 35., 40. und 45. Par. s. Br. und vom 185., 190. und 195. Merid.); — 24) Neu-Caledonien (zwischen 20. Par. und dem südl. Wendekreise, zwischen dem 180. und 185. Merid.); — 25) Neue Hebriden (geschnitten vom 15. Par. und 185. Merid.); — 26) Archipel von Santa Cruz (N. und S. vom 10. Par., O. und W. vom 185. Merid.); — 27) Ellices- (l. Ellises) Inseln (N. vom 10. Par., O. vom 195. Merid.); — 28) Fidji-Inseln (zwischen dem 15. und 20. Par., zwischen dem 195. und 200. Merid.); — 29) Schiffer-Inseln (N. vom 15. Par., O. vom 205. Merid.); — 30) Freundschafts-Inseln (N. und S. vom 20. Par., W. vom 205 Merid.); — 31) Mangea-Inseln (N. und S. vom 20. Par, O. und W vom 220. Merid.); — 32) Gesellschafts-Inseln (zwischen dem 15. und 20. Par., zwischen dem 225. und 230. Merid.) worunter Otahiti; — 33) Die niedrigen Inseln (geschnitten vom 15. und 20. Par. und vom 230. und 235. Merid.); — 34) Marquesas (l. Markesas), (geschnitten vom 10. Par., W vom 240. Merid.); — 35) Osterinsel (S. vom 25. Par., gleich O. vom 265. Merid.); — 36) Juan-Fernandez-Inseln (l. Chuan Fernandes), (zwischen dem 25. und 30. Par., zwischen dem 295. und 300. Merid.); — 37) Gallopagos (geschnitten S. vom Aequator, zwischen dem 285. und 290. Merid.); — 38) Quadra (im Busen von Georgien, geschnitten vom 50. Par. n. Br., und tangirt vom 250. und 255. Merid.); — 39) Königin-Charlotten- (l. Scharlotten) Insel (zwischen dem 50. und 55. Par., und dem 245. und 250. Merid.); — 40) Gruppe der beiden Archipele Georgs III. und des Prinzen von Wales (l. Uähls), (geschnitten und nördlich gelegen vom 55. Par., O. und W. vom 245. Merid.); — 41) Kodjak (geschnitten vom 225. Merid. und zwischen dem 55. und 60. Par.); — 42) Aleutische Inseln (von der äußersten Spitze der Halbinsel Alaschka bis zum 190. Merid., zwischen dem 50. und 55. Par.), von denen die östlichsten (zwischen Alaschka und dem 205. Merid.) die Fuchsinseln heißen; — 43) Nuniwok (von seiner Südküste tangirt vom 60. Par., und gleich O. vom 210. Merid.); — 44) St. Mathäus (gleich N. vom 60. Par., geschnitten vom 205. Merid.); — 45) St. Laurentius (zwischen dem 60. und 65. Par., dem 205. und 210. Merid.); — 46) Behringsinsel (geschnitten vom 55. Par., gleich W. vom 185. Merid.); — 47) Lord Mulgrave's (l. Mullgrähv's) Archipel (geschnitten vom Aequator und dem 5. und 10. Par. n. Br., so wie vom 190. Merid.); — 48) Sandwich- (l. Sänduitsch) Inseln (geschnitten vom 20. Par. und 220. Merid.), worunter die größte: Owhyhee (l. Owaihi).

Moment 2.

Merke
I. der Inseln

A. Namen.

1) Feuerland; 2) Falkland-Inseln (oder] Malouinen); 3) Süd-Georgien; 4) Archipel von Süd-Schetland mit der Küste des Dreieinigkeitslandes (Trinityland); 5) Süd-Orkaden (South Orkneys, l. Sauth Orknihs); 6) Archipel Sandwichs-Land; 7) Insel Maraja (Johannes-Insel); 8) Westindien, bestehend aus: 1° den großen Antillen: a) Cuba, b) Hayti, c) Puetorico (Portorico), d) Jamaica; 2° den kleinen Antillen, welche sich theilen in: A) die Jungferinseln (Virginische Inseln), B) die Inseln im Winde (Karibische Inseln), darunter: a) Guadeloupe, b) Dominique, c) Martinique, C) die Inseln unter dem Winde, darunter: a) Trinidad, b) Margarita, c) Curaçao; 3° den Bahama-Inseln (Bahamas, auch Lukaiische Inseln oder Lukaien genannt), darunter Guanahani; 9) Bermudas (Sommer-Inseln); 10) Long Island; 11) Neu-Fundland (New Foundland l. Nju Faundländ); 12) Kap-Breton; 13) St. John; 14) Anticosti; 15) Southampton; 16) der bekannte Theil der Küste von Baffinsland; 17) der bekannte Theil der Küsten von Grönland; 18) Südküsten der nördlichen Georgs-Inseln; 19) Der westliche und größere Theil von Island; 20) die Azorischen Inseln (Azoren), darunter: St. Michaël (S. Miguel); 21) ein Theil der südlichen Canarischen Inseln (Canarien); 22) Inseln des grünen Vorgebirges (Cap-Verdische Inseln); 23) Neu-Seeland; 24) Neu-Caledonien; 25) Neue Hebriden; 26) Archipel von Santa Cruz; 27) Ellice's Gruppe; 28) Fidji-Inseln; 29) Schiffer-Inseln; 30) Freundschafts-Inseln; 31) Mangea-Inseln; 32) Gesellschafts-Inseln, worunter Otahiti; 33) die niedrigen (oder gefährlichen) Inseln; 34) Marquesas-

(oder Mendaña, l. Mendania)-Archipel; 35) Oster-Insel; 36) Juan Fernandez; 37) Gallopagos; 38) Quadra (Vancouvers-Insel oder Nutka); 39) Königin-Charlotten-Insel; 40) Gruppe der beiden Archipele Georg's III. und des Prinzen von Wales; 41) Kodjak; 42) Aleutische Inseln mit den Fuchsinseln; 43) Nuniwok; 44) St. Mathäus; 45) St. Laurentius; 46) Behrings-Insel; 47) Lord Mulgrave's Archipel; 48) Sandwich-Inseln, worunter Owhyhee.

B. Lage.

1. Unbestimmte. Z. B. daß a) Feuerland gleich südlich von Kap Forward, b) die Falklands-Inseln O.N.O. vom Feuerlande u. s. w. liegen. *)

2. Bestimmte.

a) Parallel-Lage. Z. B. daß Feuerland vom 55. Par. s. Br. geschnitten wird, die Falklands-Inseln zwischen dem 50. und 55. Par. liegen u. s. w.

b) Meridian-Lage. Z. B. daß Feuerland vom 305. Merid. tangirt und vom 310. geschnitten wird, daß die Falklands-Inseln O. vom 320. Merid. liegen.

c) Parallel- und Meridian-Lage. Z. B. daß Feuerland vom 50. Par. und vom 310. Merid. geschnitten so wie vom 305. Merid. tangirt wird. *)

*) Konstruire aus dem Gedächtniß.

II. Namen und Lage folgender durch die Konstruktion der Festländer und Inseln entstehenden:

A. Welttheile.

1) Europa (bestehend aus der Halbinsel Europa und den derselben zunächst liegenden Inseln, mit den Azoren, Island und Kandia); 2) Asien (bestehend aus der Halbinsel Asien und den derselben zunächst liegenden Inseln mit den Molukken und Gewürz-Inseln); 3) Afrika (bestehend aus der Halbinsel Afrika mit den umliegenden Inseln); 4) Australien oder Polynesien (bestehend aus Neuholland und den zunächst liegenden Inseln mit den Magelhanischen Inseln, den Sandwich-Inseln, Mendañas, niedrigen Inseln und Oster-Inseln; 5) Amerika (bestehend aus dem westlichen Festlande und den zunächst liegenden Inseln.

B. Weltmeere.

1) Nördliches Eismeer (innerhalb des nördlichen Polarkreises); — 2) Südliches Eismeer (innerhalb des süd-

lichen Polarkreises; — 3) Westliches oder Atlantisches Weltmeer (O. vom westlichen und W. vom östlichen Festlande), dessen südlicher Theil, besonders in der Nähe von Afrika, das Aethiopische Meer genannt wird; — 4) Oestliches Weltmeer oder großer (stiller) Ocean (W. vom westlichen und O. vom östlichen Festlande, so wie von Neuholland), dessen a) mittlerer Theil vorzugsweise das stille Meer, b) südlicher Theil die Südsee genannt wird; — 5) Indisches Meer (zwischen der Ostküste von Afrika, der Südküste von Asien und der Westküste von Neuholland).

C. Meere, Meerengen und Landengen.

1) Karaibisches Meer (zwischen den großen Antillen, den Karaibischen Inseln und dem Amerikanischen Festlande); — 2) Baffinsbay (zwischen den Küsten von Baffinsland und von Grönland); — 3) Meer von Kamtschatka (zwischen den Aleutischen Inseln und der Amerikanischen und Asiatischen Küste); — 4) Behrings- oder Cooks (l. Kuhks) -Straße (zwischen dem Ost-Kap und dem Prinz-Wales-Kap); — 5) Lancaster-Sund und Barrow-Straße (Verbindung der Baffinsbay und des nördlichen Eismeeres), wovon Landkastersund die östliche Oeffnung; — 6) Davis-Straße (der engere Theil der Baffins-Bay, unter dem nördlichen Polarkreise); — 7) Hudsons-Straße (Verbindung zwischen dem Atlantischen Meere und der Hudsonsbay); — 8) Fox-Kanal (zwischen Baffinsland und der Halbinsel Melville mit der Insel Southampton); — 9) Belle-Isle (l. Ile) -Straße (der Kanal zwischen Neu-Fundland und Labrador; — 10) Neuer und alter Bahama-Kanal (wovon der erste zwischen der Halbinsel Florida und den Lukaien, der andere zwischen Florida und Cuba); — 11) Magelhaens-Straße (zwischen Feuerland und dem Festlande); — 13) Cooks Kanal (zwischen den beiden Inseln von Neu-Seeland); — 14) Landenge von Panama (zwischen dem Busen von Panama und dem Karaischen Meere); — 15) Landenge von Tehuantepec (zwischen dem Busen von Tehuantepec und dem südlichsten Theil des Mexikanischen Meerbusens).

Zweites Kapitel.

Oberflächenbeschreibung.

§. 1.

Oberflächenbeschreibung des östlichen Festlandes und der Inseln der östlichen Halbkugel.

Erstes Stück.

Moment 1.

Bestimme — um des östlichen Festlandes Oberflächen-Konstruktion zu bilden — folgende Flüsse und Landseen:

1) Die Dwina (Ausfluß im Dwinabusen; Entstehung, N. vom 60. Par., W. vom 65. Merid., durch die Vereinigung von Suchona und Witschegda, wovon die Quelle der erstern im Wologda-See, gleich S. vom 60. Par., gleich O. von 60. Merid., die der letzteren N. vom 60. Par., O. vom 70. Merid.). — 2) Die Petschora (Ausfluß im Petschora-Busen; Quelle N. vom 60. Par., gleich O. vom 75. Merid.). — 3) Der Oby (Ausfluß im Obybusen; Quelle ungefähr im 50. Par., O. vom 105. Merid.), unter dessen Zuflüssen *): a) der Irtysch (Einfluß N. vom 60. Par., O. vom 90. Merid.; Quelle zwischen dem 45. und 50. Par., O. vom 105. Merid.; Durchfluß durch den Saissan-See zwischen dem 45. und 50. Par., zwischen dem 100. und 105. Merid.); b) der Tobol (Einfluß in den Irtysch mitten zwischen dem 55. und 60. Par., im 90. Merid.; Quelle zwischen dem 50. und 55. Par., zwischen dem 75. und 80. Merid.); c) der Ischim (Einfluß in den Irtysch zwischen dem 55. und 60. Par., zwischen dem 90. und 95. Merid.; Quelle S. vom 50. Par., W. vom 95. Merid.). — 4)

*) Es werden hier, wie im ganzen Folgenden, sowol die unmittelbar als die mittelbar aufgenommenen Nebenflüsse, also die sowohl erster wie zweiter Ordnung unter fortlaufenden Buchstaben aufgeführt.

Der Jenisey (Ausfluß im Jenisey-Busen; Quelle N. vom 50. Par., zwischen dem 115. und 120. Merid.), unter dessen Zuflüssen: a) die untere Tunguska (Einfluß gleich N. vom 65. Par., gleich O. vom 110. Merid.; Quelle ungefähr im 60. Par., W. vom 125. Merid.); b) Mittlere Tunguska (Einfluß N. vom 60. Par., gleich W. vom 110. Merid.; Quelle S. vom 60. Par. zwischen dem 120. und 125. Merid.); c) Obere Tunguska, oder Angara (Einfluß S. vom 60. Par., zwischen dem 110. und 115. Merid.; Quelle ungefähr im 55. Par., W. vom 135. Merid.; Durchfluß durch den Baikal-See, geschnitten vom 55. Par. und vom 125. Merid.); d) die Selenga (Einfluß in den Baikal-See mitten zwischen dem 50. und 55. Par., im 125. Merid.). — 5) Der Olenek (Ausfluß zwischen dem 70. und 75. Par., W. vom 140. Merid.; Quelle S. vom 65. Par., etwas W. vom 130. Merid.). — 6) Die Lena (Ausfluß durch die schon bekannten Lenamündungen; Quelle S. vom 55. Par., zwischen dem 120. und 125. Merid.), unter deren Zuflüssen: a) der Wilui (Einfluß S. vom 65. Par., ungefähr im 145. Merid.; Quelle S. vom 65. Par., ungefähr im 125. Merid.); b) der Aldan (Einfluß S. vom Einflusse des Wilui, mitten zwischen dem 145. und 150. Merid.; Quelle etwas N. vom 55. Par., ungefähr im 145. Merid.); c) die Olekma (Einfluß gleich N. vom 60. Par., mitten zwischen dem 135. und 140. Merid.; Quelle S. vom 55. Par., gleich O. vom 135. Merid.); d) der Witim (Einfluß etwas S. vom 60. Par., im 130. Merid.; Quelle S. vom 55. Par., W. vom 130. Merid.). — 7) Die Indigirka (Ausfluß N. vom 70. Par., zwischen dem 165. und 170. Merid.; Quelle zwischen dem 60. und 65. Par., gleich W. vom 160. Merid.). — 8) Die Kolyma (Ausfluß im Kolymabusen; Quelle N. vom 60. Par., gleich W. vom 165. Merid.), dessen Zufluß der Omolon (Einfluß gleich über dem Ausflusse der Kolyma; Quelle zwischen dem 60. und 65. Par., W. vom 175. Merid.).

Moment 2.

Merke der Flüsse und Landseen:

A. Namen.

1) Dwina, entstehend durch die Vereinigung der Suchona und Witschegda. — 2) Petschora. — 3) Oby, dessen Zuflüsse:

a) Irtysch, welcher durch den Saissan=See fließt; b) Tobol; c) Ischim. — 4) Jenisey, dessen Zuflüsse: a) Untere Tunguska; b) Mittlere Tunguska oder Stein=Tunguska (Podkamenaja Tunguska); c) Obere Tunguska (Werkhnaja Tunguska oder Angara), mit dem Baikal=See; d) Selenga. — 5) Olenek. — 6) Lena, deren Zuflüsse: a) Wilui; b) Aldan; c) Olekma; d) Witim. — 7) Indigirka. — 8) Kolyma, deren Zufluß der Omolon.

B. Lage.

1. Unbestimmte. Z. B. daß die Dwina in den Dwinabusen ausfließt, ferner daß sie von da zuerst nach S.O. bis zur Vereinigung von Suchona und Witschegda, dann die Suchona bis zu ihrer Quelle nach S.W., die Witschegda nach O.N.O. und N. gezogen wird, u. s. w. *)

2. Bestimmte. Z. B. daß die Vereinigung der Suchona und Witschegda gleich N. vom 60. Par., gleich O. vom 65. Merid. statt findet, u. s. w. *)

---

*) Konstruire aus dem Gedächtniß.

Zusatz. — 1) Die Tana (Ausfluß im Tanabusen). — 2) Enara=See (tangirt vom 45. Merid., S. vom 70. Par.). — 3) Der Pads (Ausfluß aus dem Enara=See, Einfluß im Warangerbusen. — 4) Die Kola (Ausfluß im Kolabusen, S. vom 70. Par., gleich O. vom 50. Merid.) — 5) Der Ponoi (Ausfluß gleich S. von Kap Orlow). — 6) Imandra=See (N. vom nördl. Polarkreis, O. vom 50. Merid., Ausfluß im Kabalaskajabusen). — 7) Kowda=, Pjavo= und Top=See (hangen alle drei zusammen; Ausfluß aus dem ersteren durch den Kowda=Fluß, in den nordwestlichsten Theil des Kandalaskaja=Busens). — 8) Der Kem (Ausfl. ins Weiße Meer im 65. Par., O. vom 50. Merid.). — 9) Wigo=See (Einfl. aus demselben in den Kem durch den Wig=Fluß). — 10) Die Onega (Ausfluß im Onega=Busen, Quelle gleich N. vom 60. Par., O. vom 55. Merid.). — 11) Die Waga (Einfluß in die Dwina gleich O. vom 60. Merid.; Quellen W. und O. vom 60. Merid.). — 12) Die Pinega (Einfluß in den untersten Theil der Dwina). — 13) † Der Jug (Ausfluß in die Suchona) **). — 14) Der Mesen (Ausfluß in den Mesenbusen;

**) Es wird bei Gelegenheit dieses Flusses bemerkt, daß nicht alle in diesem und den folgenden Zusätzen aufgeführten Gewässer auf der beigegebenen Karte stehen, und auch nicht alle in dem Maaßstabe dieser Karte konstruirt werden können, sondern daß dieselben auf Karten von rößerem Maßstabe aufgesucht werden müssen, wenn der Schüler überaupt bis zu den Zusätzen, welche, wie schon in der Vorrede bespro=

Quelle zwischen dem 60. und 65. Par., dem 65. und 70. Merid.). — 15) Die Waschka (Ausfluß in den Mesen links). — 16) Die Usa (Ausfluß in die Petschora rechts). — 17) Die Jlschma (Ausfluß in die Petschora links, gleich O. vom 70. Merid.). — 18) Die Soswa (Ausfl. in den Oby links, zwischen dem 60. und 65. Par.). — 19) Die Tawda (Ausfluß in den Tobol links). — 20) Kafa-See (Steppensee zwischen Jschim und Jrtisch). — 21) Sumi- und Tschany-See (hangen zusammen, Ausfl. in den Jrtisch, zwischen dem 55. und 60. Par., im 95. Merid.). — 22) Der Om (Einfluß in den Jrtisch gleich S. vom 55. Par., gleich W. vom 95. Merid.). — 23) Der Wakh (Einfluß in den Oby, N. vom 60. Par., zwischen dem 95. und 100. Merid.). — 24) Der Tschulym (Einfluß in den Oby zwischen dem 55. und 60. Par., gleich W. vom 105. Merid.). — 25) Der Tazow (Ausfluß in den Tazowskaja-Busen). — 26) Die Gyda (Ausfluß in den Gydabusen). — 27) Piazina-See (geschnittem vom 70. Par., zwischen dem 110. und 115. Merid., Ausfluß in den Piazina-Busen, durch den Piazina-Fluß). — 28) † Die Turukha (Einfluß in den Jenisey gleich S. vom nördlichen Polarkreis, links). — 29) Der Elui (Einfluß in den Jenisey, links, ungefähr im 60. Par.). — 30) Die Taschewa (Einfluß in die Angara links). — 31) Die Ona (Einfluß in die Taschewa, links). — 32) Die Khatanga (Ausfluß im Khatangabusen). — 33) Die Kheta (Einfluß in die Khatanga links). — 34) Die Anabara (Ausfluß in den Anabara-Busen; Quelle im nördlichen Polarkreise und 125. Merid.). — 35) Der Olem oder Ola (Ausfluß in den Anabara-Busen, gleich O. vom Ausfluß der Anabara). — 36) Die Anga (Einfluß in den Aldan, links zwischen dem 60. und 65. Par., 150. und 155. Merid.) — 37) Die Maja (Einfluß in den Aldan, im 60. Par. zwischen dem 150, und 155. Merid.; Quelle S. vom 60. Par. zwischen dem 155. und 160. Merid.). — 38) Der Alach (Einfluß in den Aldan, gleich O. vom Einfluß der Maja). — 39) Die Judoma (Einfluß in die Maja rechts). — 40) Der Utschur (Einfluß in den Aldan, rechts, zwischen dem 145. und 150. Merid.) — 41) Die Jana (Ausfluß in den Janabusen; Quelle im 65. Par., gleich O. vom 150. Merid.). — 42) Der Tostach (Einfluß in die Fana rechts). — 43) Die Alazeja (Ausfluß gleich N. vom 70. Par., gleich O. vom 170. Merid.) — 44) Der Tschaun [Ausfluß in den Tschaunskaja-Busen]. — 45) † Die Amgusna [Ausfluß N. vom nördl. Polarkreis zwischen dem 200. und 205. Merid.].

---

chen, einen zweiten Cursus ausmachen, fortgehen will. Die nicht auf der Karte stehenden Gewässer sind hier mit einem Kreuze (†) bezeichnet.

Zweites Stück.

Moment 1.

Bestimme weiter:

1) Die Glommen-Elf (Ausfluß in den Christianiabusen; Quelle gleich W. vom 30. Merid., ungefähr mitten zwischen dem 60. und 65. Par.); — 2) Wenern-See (tangirt vom 30. Merid., S. vom 60. Par., Ausfl. durch Götha-Elf in das Kattegat); — 3) Clar-Elf (Einfl. in den Wenern-See; Quelle gleich S. von den Quellen des Glommen); — 4) Wettern-See (Ausfluß durch Motala-Elf in den Brä-Busen); — 5) Mälar-See (geschnitten vom 35. Merid., S. vom 60. Par.); — 6) Dala-Elf (Ausfl. in den Bottnischen Busen, gleich N. vom 60. Par. Quellflüsse Ost- und West-Dala-Elf); — 7) Indals-Elf (Ausfl. bekannt); — 8) Die Skelefteä (l. Schelefteo) Ausfluß in der Scheleftebucht; — 9) Torneä (Ausfl. bekannt); — 10) Muoneo-Elf (Ausfluß in die Torneä links); — 11) Uleä (Ausfl. in den Bottnischen Busen, im 65. Par. zwischen dem 40. und 45. Merid.); — 12) Ikalis-Näsijärwi und Pyhäjärwi-See, mit mehreren anderen (Ausfl. durch Kumo, N. vom 60. Par., gleich W. vom 40. Merid.); — 13) Päjäne-Seen (zwischen dem 60. und 65. Par., gleich W. vom 45. Merid., Ausfluß durch den Kymene in den Finnischen Busen); — 14) Ladoga-See (tangirt vom 60. Par., geschnitten vom 50. Merid., Ausfl. durch die Newa); — 15) Saimen-See (zwischen dem 60. und 65. Par., 45. und 50. Merid., Ausfluß in den Ladoga-See durch den Woxen); — 16) Onega-See (zwischen dem 60. und 65. Par., 50. und 55. Merid., Ausfl. in den Ladoga-See durch den Swir); — 17) Ilmen-See (S. vom 60. Par., gleich W. vom 50. Merid., Ausfl. in den Ladoga-See durch den Wolkow); — 18) Peipus-See (tangirt vom 45. Merid., S. vom 60. Par., Ausfl. im Finnischen Busen durch die Narowa); — 19) Die Düna (Ausfl. im Rigaischen Busen, Quelle im 50. Merid., N. vom 55. Par.); — 20) Der Niemen (Ausfl. in die Kurische Nehrung, Quelle S. vom 55. Par., W. vom 45. Merid.); — 21) Die Wilia (Einfl. in den Niemen, rechts); — 22) Die Weichsel (Ausflüsse in der Danziger Bucht und dem Frischen Haff, Quelle gleich S. vom 50. Par., ungefähr mitten zwischen dem

35. und 40. Merid.); — 23) Der Bug (Einfl. in die Weichsel, mitten zwischen dem 50. und 55. Par. gleich W. vom 40. Merid., Quelle ungefähr im 50. Par.); — 24) Die Oder (Ausfl. in das Haff, Quelle gleich S. vom 50. Par., O. vom 35. Merid.); — 25) Die Warthe (Einfl. in die Oder rechts, Quelle N. vom 50. Par., O. vom 35. Merid.).

Moment 2.

Merke der Flüsse und Landseen:

A. Namen.

1) Glommen-Elf; 2) Wenern-See; 3) Clar-Elf; 4) Wettern-See, dessen Ausfluß die Motala-Elf; 5) Mälar-See; 6) Dala-Elf (Dale-Elf, auch Dal-Elf), deren Quellflüsse die Ost- und die West-Dala-Elf; 7) Indals-Elf; 8) Skelefteå; 9) Torneå; 10) Muoneo-Elf; 11) Uleå; 12) Ikalis-, Näsijärwi- und Pyhäjärwi-See; 13) Päjäne-Seen, deren Ausfluß der Kymene; 14) Ladoga-See mit der Newa; 15) Saimen-See mit dem Woxen; 16) Onega-See mit dem Swir; 17) Ilmen-See mit dem Wolkow; 18) Peipus-See mit der Narowa; 19) Düna; 20) Niemen; 21) Wilia; 22) Weichsel; 23) Bug; 24) Oder; 25) Warthe.

B. Lage.

1. Unbestimmte. Z. B. daß die Glommen-Elf in den Christianiabusen ausfließt, der Wenern-See durch die Götha-Elf in das Kattegat; ferner daß die Glommen-Elf wird gezogen, vom Ausfluß a) nach N., b) ein kleines Stück nach O., c) nach N. u. s. w. *).

2. Bestimmte. Z. B. daß die Quelle des Glommen gleich W. vom 30. Merid., ungefähr mitten zwischen dem 60. und 65. Par. liegt, daß der Wenern-See vom 30. Merid., S. vom 60. Par. tangirt wird u. s. w. *).

---

*) Konstruire aus dem Gedächtniß.

Zusatz. — 1) † Alten-Elf und † Nid-Elf [Ausfl. der erstern in den Alten-, die der letztern in den Trontheims-Busen]. — 2) † Romsdals-, † Leerdals- und † Suledals-Elf [Ausfl. des ersteren in den Romsdals-, der der zweiten in den Sögne- und der der dritten in den Bucke-Busen]. — 3) † Mandals-, † Torrisdals-, † Skeen- und † Louven- [l. Lauwen] Elf [Ausfl. in das

Kattegat zwischen Lindesnäs und dem Christianiabusen]. — 4) † Drammens-Elf [Ausfl. in die westl. Seite des Christianiabusens; wird näher am Ausflusse Snarum- und mehr davon entfernt Beina-Elf genannt]. — 5) Wormen-Elf [Einfl. in den Glommen rechts]. — 6) Mjösen-See [Ausfl. durch den Wormen in den Glommen]. — 7) Lougen- [l. Laugen] Elf [Ausfl. in den Mjösen-See]. — 8) † Wiskjaå oder Wiskan, und † Falkenbergså oder Aetran [Ausfl. in das Kattegat, des ersteren gleich W., des letzteren gleich O. vom 30. Merid., zwischen dem 55. und 60. Par.]. — 9) † Nissaå oder Nissan und Lagaå oder Lagan [Ausfl. beider in den Halmstadsbusen]. — 10) Bolmen-See [Einfl. in den Lagaå rechts]. — 11) † Rönneå [Ausfl. in den Kolabusen]. — 12) Helgaå oder Helgan, † Mörrumså, † Rönnebyå und † Lyckebyå [l. Rönnebüo und Lückebüo], [deren Ausflüsse sämmtlich in die Hanöbucht]. — 13) † Ljungby-, † Ålems- und Emm-å oder Emman [fallen sämmtlich in die Meerenge zwischen Oeland und dem Festlande]. — 14) Boren- und Roxen-See [zwischen dem Wettern-See und dem Bråbusen liegend und von der Motala-Elf durchflossen]. — 15) † Swartå und † Stångå [Einfl. in den Roxen-See auf der Südseite]. — 16) † Sommen-See [Ausfl. durch Swartå]. — 17) Hjelmare-See [Ausfl. durch Torshällaå in den Mälarn]. — 18) † Nyköpingså [l. Nütschöpingso] Ausfl. in die Ostsee zwischen Bråbusen und dem 35. Merid. — 19) Silja-See [durchflossen von der Ost-Dalelf]. — 20) Ljusna-Elf oder Ljusnan, und Ljunga-Elf oder Ljungan [Ausfl. in den Bottnischen Busen zwischen Dal-Elf und Indals-Elf]. — 21) Ångermanå und Umeå oder Ume-Elf [Ausfl. in den Bottnischen Busen zwischen dem der Indals-Elf und Skelefteå]. — 22) Wängel-Elf [Einfl. in den Ångermanå rechts]. — 23) Windel-Elf [Einfl. in die Umeå links]. — 24) Piteå, Luleå und Calix-Elf [Ausfl. in den Bottnischen Busen zwischen Skelefteå und Torneå]. — 25) Ounas- [l. Aunas] Jocki, d. i. Aunas-Fluß [Einfl. in die Kemi-Elf rechts]. — 26) Jo-Elf [Ausfl. zwischen Kemi-Elf und Uleå]. — 27) Uleå-Träsk, d. i. Uleå-See [durchflossen von der Uleå]. — 28) Gamla Karleby- [l. Karlebü] und Storkyro- [l. Stohrtschüro] Elf [Ausfl. zwischen Uleå- und Kumo-Elf]. — 29) Lowat und Msta [Einfl. beider in den Ilmensee, der des erstern auf der Südseite, des anderen auf der Ostseite]. — 30) Welikaja und † Embach [Ausfl. beider in den Peipus-See, des ersteren auf der Südost-, des letzteren auf der Westküste]. — 31) † Wirz- oder Wirzerw-See [Ausfl. durch Embach]. — 31) † Die Pernau [Ausfl. in den nordöstlichsten Theil des Rigabusens]. — 33) † Die Aa [Ausfl. in den Rigabusen gleich ONO von der Dünamündung]. — 34) † Die Aa [Ausfl. in die Dünamündung links]. — 35) † Die Ewst

[Einfl. in die Düna, mitten zwischen dem Rigabusen und dem 55. Par. rechts]. — 36) † Die Windau [Ausfl. in die Ostsee, W. vom Rigabusen und gleich W. vom 40. Merid.]. — 37) Der Pregel [Ausfl. in der NO-Spitze des Kurischen Haffs; Entstehung aus der Vereinigung von Inster und Angerapp]. — 38) † Die Alle [Einfl. in den Pregel links]. — 39) † Die Pissa [Ausfl. in den Angerapp links]. — 40) Die Nogat [Name des rechten Mündungsarmes der Weichsel]. — 41) † Die Drewenz [Einfl. in die Weichsel rechts in der zweiten Strecke vom Ausfl. derselben aufwärts]. — 42) Die Narew [Einfl. in den Bug rechts, nicht weit von dessen Mündung]. — 43) Wieperz [Einfl. in die Weichsel in der dritten Strecke von deren Ausflusse aufwärts, rechts]. — 44) Die San [Einfl. in die Weichsel, rechts, S. von der Mündung der Wieperz]. — 45) Die Pilica [Einfl. in die Weichsel, links, zwischen den Mündungen des Bug und der Wieperz]. — 46) † Braa oder Brahe [Einfl. in die Weichsel, links, im Winkel zwischen der ersten und zweiten Strecke von deren Ausfl. aufwärts]. — 47) † Die Leba, † Lupow, † Stolpe, † Wipper, † Persante und † Rega [Küstenflüsse zwischen Weichsel- und Odermündung]. — 48) Die Netze [Einfl. in die Warthe rechts]. — 49) † Die Prosna und † Obra [Einfl. in die Warthe links]. — 50) † Die Bartsch und die Ohlau [Einfl. in die Oder, links, gleich W. vom 35. Merid.]. — 51) † Lausitzer Neisse, † Bober und † Glatzer Neisse [Einfl. in die Oder links, der beiden erstern W., der dritten O. vom 35. Merid.]. — 52) † Die Uecker und die † Pene [Ausfl. in das Haff]. — 53) † Uecker-Seen [durchflossen von der Uecker]. — 54) † Randow [Einfl. in die Uecker rechts]. — 55) † Tollenser-See [Ausfl. durch die Tollense in die Pene]. — 56) † Malchin- und † Camerow-See [durchflossen von der Pene]. — 57) † Recknitz [Ausfl. in die Ostsee gleich O. vom 30. Merid.]. — 58) Warnow [Ausfl. in die Ostsee gleich W. vom 30. Merid.]. — 59) Trave [Ausfl. bekannt]. — 60) Plöner-See und Selent-See [Ausfl. in die Ostsee, gleich NW von Travemünde]. — 64) Der Guden [Ausfl. in den Randersbusen S. vom Limbusen].

Drittes Stück.

Moment 1.

Bestimme ferner:

1) Die Elbe (Mündung bekannt, Quelle gleich N. vom 50. Par., W. vom 35. Merid., zu deren Zuflüssen gehören: a) die Havel (Einfluß gleich W. vom 30. Merid. rechts, an

dem Winkel zwischen der ersten und zweiten Strecke des Elblaufes; Quelle O. vom 30. Merid., N.O. vom Einfluß); b) die Spree (Einfluß in die Havel links); c) die Saale (Einfluß in die Elbe links, gleich W. vom 30. Merid.); d) die Mulde (Einfluß gleich O. von dem der Saale); e) die Moldau (Einfluß in die Elbe gleich N. vom 50. Par., zwischen dem 30. und 35. Merid.). — 2) Die Weser (Mündung bekannt, Entstehung durch die Vereinigung der Werra und Fulda, N. vom 50. Par., W. vom 30. Merid., von welchen beiden Quellflüssen die Werre der östlichere, die Fulda der westlichere ist), zu deren Zuflüssen gehören: a) die Aller (Einfluß rechts nicht weit von der Mündung der Weser); b) die Leine (Einfluß in die Aller links); c) die Hunte (Einfluß in die Weser links, zwischen Weser- und Allermündung). — 3) Die Ems (Ausfluß im Dollartbusen). — 4) Der Rhein (Mündung bekannt; Quellen zwischen dem 45. und 50. Par., 25. und 30. Merid.), zu dessen Nebenflüssen gehören: a) der Main (Einfluß rechts, ungefähr im 50. Par., zwischen dem 25. und 30. Merid., Quelle ein wenig W. vom Schneidungspunkte des 50. Par. und 30. Merid.); b) der Neckar (Einfluß rechts, gleich S. vom Einfluß des Mains); c) die Mosel (Einfluß links, gleich N. vom 50. Par., gleich O. vom 25. Merid., Quelle S.O. vom Einflusse); d) die Ill (Einfluß links, S. vom 50. Par., gleich O. vom 25. Merid.); e) die Aar (Einfluß links, innerhalb der von O. nach W. gehenden Strecke des Rheines). — 5) Der Bodensee, durchflossen vom Rhein, zwischen dem 45. und 50. Par., dem 25. und 30. Merid.) — 6) Die Maas (Mündung mit dem Rheine gemeinschaftlich; Quelle gleich N.W. von der Moselquelle). — 7) Die Schelde (Mündung bekannt; Quelle ungefähr im 50. Par., gleich O. vom 20. Merid.). — 8) Die Seine (Mündung bekannt; Quelle zwischen dem 45. und 50. Par., ungefähr mitten zwischen dem 20. und 25. Merid.), zu deren Nebenflüssen gehören: a) die Oise (l. Oas) (Einfluß rechts, gleich W. vom 20. Merid., Quelle nicht weit von der Scheldequelle); b) die Aisne (l. Aehn) (Einfluß in die Oise links, gleich O. vom 20. Merid.); c) die Marne (Einfluß in die Seine rechts, ungefähr im 20. Merid., Quelle nicht weit von den Quellen der Aisne und Maas); d) die Aube (l. Ohb) (Einfluß rechts, O. vom 20. Merid., Quelle nahe den Quellen der Maas und der Mosel); e) die Yonne (Einfluß links, O. vom 20.

Merid.). — 9) Die Loire (l. Loar) (Mündung zwischen dem 45. und 50. Par., O. vom 15. Merid.; Quelle ungefähr im 45. Par. O. vom 20. Merid.), zu deren Nebenflüssen gehören: a) die Mayenne, die Sarthe und der Loir (l. Loar) (gemeinschaftlicher Einfluß rechts, zwischen der Mündung der Loire und dem 20. Merid.); b) die Vienne (Einfluß links, zwischen dem 15. und 20. Merid.); c) die Creuse (l. Krös) (Einfluß in die Vienne rechts); d) der Cher (l. Scher) (Einfluß in die Loire, links, gleich W. vom 20. Merid.); e) der Allier (l. Alliee) (Einfluß in die Loire, links, O. vom 20. Merid.). — 10) Die Charente (l. Scharangt) (Ausfluß im Biscayischen Meerbusen, gleich N. vom Ausfluß de Garonne). — 11) Die Garonne (Mündung bekannt; Quelle S. vom 45. Par., W. vom 20. Merid.), zu deren Nebenflüssen gehören: a) die Dordogne (l. Dordogne) (Einfluß rechts, gleich N. vom 45. Par., Quelle gleich N. vom 45. Par., gleich O. vom 20. Merid.); b) der Lot (Einfluß rechts, S. vom 45. Par.); c) der Gers (l. Scher) (Einfluß links S. vom 45. Par.). — 12) Der Adour (Mündung bekannt; Quelle nicht weit von der Garonnequelle), unter dessen Nebenflüssen: die Gave (Einfluß links). — 13) Der Minho (l. Minjo) (Mündung S. und Quelle O. vom Kap. Finisterre, die letztere auch gleich O. vom 10. Merid.). — 14) Der Duero (Ausfluß mitten zwischen der Minhomündung und dem 40. Par.; Quelle beinahe im 15. Merid., zwischen dem 40. und 45. Par.), zu deren Zuflüssen gehören: a) der Tamego (Einfluß rechts gleich W. vom 10. Merid.); b) die Esla (Einfluß rechts ungefähr mitten zwischen dem 10. und 15. Merid.); c) die Pisuerga (Einfluß rechts, W. vom 15. Merid.); d) † Tormes (Einfluß links, in die große Biegung, welche der Duero, zwischen dem 10. und 15. Merid., nach Norden macht). — 15) † Der Mondego (Ausfluß S. von der Dueromündung, ungefähr im 40. Par., Quelle O. vom 10. Merid.). — 16) Der Tajo (l. Tacho) (Mündung bekannt; Quelle gleich N. vom 40. Par., O. vom 15. Merid.), zu dessen Nebenflüssen gehören: a) † die Zezere (l. Sesere) (Einfluß rechts, gleich W. vom 10. Merid.); b) † der Alagon (Einfluß rechts, O. vom 10. Merid., S. vom 40. Par.); c) † die Xarama (l. Charama) (Einfluß rechts, gleich W. vom 15. Merid., gleich N. vom 40. Par.); d) der Manzanares (Einfluß in die Xarama rechts); e) † der Zatas (l. Satas)

(Ausfluß in die Tajomündung links). — 17) Die Guadiana (Ausfluß in der Bucht zwischen Kap Vincent und Kap Europa, gleich O. vom 10. Merid.; Quelle ungefähr im Schneidungspunkte des 15. Merid. und 40. Par.), unter deren Zuflüssen: a) † die Ardila (Einfluß links, gleich O. vom 10. Merid.); b) † der Jabalon (Einfluß links, W. vom 15. Merid.). — 18) Guadalquivir (l. Guadalkivir) (Mündung zwischen der der Guadiana und Kap Europa, Quelle gleich W. vom 15. Merid., S. vom 40. Par), unter dessen Zuflüssen: a) der Guadalimar (Einfluß rechts, gleich W., Quelle gleich O. vom 15. Merid.); b) der Genil oder Xenil (l. Chenil) (Einfluß links ungefähr mitten zwischen der Mündung und dem 15. Merid.).

Moment 2.

Merke der Flüsse und Landseen:

A. Namen.

1) Elbe, mit a) Havel; b) Spree; c) Saale; d) Mulde; e) Moldau. — 2) Weser, mit den Quellflüssen Werra und Fulda, ferner mit a) Aller; b) Leine. — 3) Ems. — 4) Rhein, mit a) Main; b) Neckar; c) Mosel; d) Aar. — 5) Bodensee. — 6) Maas. — 7) Schelde. — 8) Seine, mit a) Oise; b) Aisne; c) Marne; d) Aube; e) Yonne. — 9) Loire, mit a) Mayenne, Sarthe und Loir; b) Vienne; c) Creuse; d) Cher; e) Allier. — 10) Charente. — 11) Garonne, mit a) Dordogne; b) Lot; c) Gers. — 12) Adour mit der Gave. — 13) Minho. — 14) Duero (Douro), mit a) Tamego; b) Esla; c) Pisuerga; d) Tormes. — 15) Mondego. — 16) Tajo (auch Tejo, l. Tescho), mit a) Zezere; b) Alagon; c) Xarama; d) Manzanares; e) Zatas. — 17) Guadiana, mit a) Ardila; b) Jabalon. — 18) Guadalquivir, mit a) Guadalimar; b) Genil.

B. Lage.

1. **Unbestimmte.** Z. B. daß die Elbe von ihrer Mündung aus gezogen wird: a) nach O.N.O.; b) nach S.; c) nach O.; d) nach S.O.; e) in einem Bogen nach N., u. s. w. *)

2. Bestimmte. Z. B. daß von der Elbe gezogen wird a) die erste Strecke bis gleich W. vom 30. Merid. S. vom 45. Par.; b) die zweite bis ebenfalls gleich W. vom 30. Merid., ungefähr mitten zwischen dem 50. und 55. Par., u. s. w. *)

*) Konstruire aus dem Gedächtniß.

Zusatz. 1) † Die Eyder [Einfluß in die Nordsee, zwischen der Elbemündung und dem 55. Par.). — 2) † Die Schwarze Elster [Einfluß in die Elbe rechts, gleich O. vom 30. Merid.] — 3) † Die Oste [Einfl. in die Elbemündung links]. — 4) † Die Unstrut und † Ilm [Einfl. in die Saale links]. — 5) † Die Weiße Elster [Einfluß in die Saale rechts]. — 6) † Die Pleiße [Einfluß in die Elster rechts]. — 7) † Die Eger [Einfluß in die Elbe links, zwischen der Mulde und der Moldaumündung]. — 8) † Die Beraun und die Sazawa [Einfluß in die Moldau der ersten links, der zweiten rechts]. — 9) Die Ocker [Einfluß in die Aller links, O. von der Leinemündung]. — 10) † Die Vecht [Einfluß auf der Ostküste der Zuyder-See]. — 11) † Die Yssel, der Leck und die Waal [sämmtliche Arme des Rheins, die erste in den Zuyder-See, die beiden andern unmittelbar in die Nordsee]. — 12) Die Lippe, † die Ruhr und † die Lahn [Einfluß in den Rhein, N. von dem des Mains, die erste am nördlichsten, die letzte am südlichsten]. — 13) † Die Regnitz [Einfluß in den Main links, gleich S. vom 50. Par., W. vom 30. Merid., entstehend durch die fränkische und die schwäbische Rezat, welche nach ihrer Vereinigung Rednitz heißen, und, nachdem sie von der rechten Seite die Pegnitz aufgenommen, den Namen Regnitz erhalten]. — 14) Die Saar und die Meurthe (l. Mörth) [Einfluß in die Mosel rechts]. — 15) † Neuenburger See [Neufchateller (l. Nöfschateller)] und † Bieler See [Ausfluß von beiden in die Aar links]. — 16) † Die Limmat [Einfluß in die Aar rechts unweit der Aarmündung]. — 17) † Züricher See [Ausfluß durch Limmat]. — 18) † Die Reuß [Einfl. in die Aar rechts gleich S. von dem der Limmat]. — 19) † Vierwaldstädter See [durchflossen von der Reuß]. — 20) † Zuger See [Ausfluß in die Reuß von links]. — 21) † Die Emmat oder † Emmen [Einfluß in die Aar, rechts, W.S.W. von der Reußmündung]. — 22) † Thuner See und Brienzer See [durchflossen von der Aar]. — 23) † Die Thur [Einfluß in den Rhein links, zwischen Bodensee und Aarmündung]. — 24) † Die Roer (l. Ruhr) [Einfluß in die Maas rechts]. — 25) † Die Sambre (l. Sangbr) [Einfluß in die Maas links]. — 26) † Die Ost- und West-Schelde [Mündungsarme der Schelde] *). — 27) † Die Somme [Mündung in der Boulogner Bucht, gleich N. vom 50. Par.]. — 28) † Die Eure (l. Oehr) [Einfl. in die Seine, links, zwischen der Seinemündung und dem 20. Merid.). — 29) † Der Loing (l. Loeng)

---

*) Alle Mündungsarme von der Yssel bis zur West-Schelde kann man, zusammengefaßt, als das Mündungssystem (Delta) des Rheines betrachten, wonach also die Maas und Schelde als Nebenflüsse des Rheins angesehen würden.

[Einfluß in die Seine links, gleich W. von der Yonnemündung]. — 30) † Die Orne [Ausfluß im Kanal, gleich W. von der Seinemündung]. 31) † Die Vilaine [Ausfluß im Biscavischen Meerbusen, zwischen der Loire=Mündung und dem 15. Merid.]. — 32) † Die Ille [Einfluß in die Vilaine links]. — 33) † Die Sevre (Sevre Nantaise, l. Sevr Nangtäs) [Einfluß in die Loire links, unweit ihrer Mündung]. — 34) † Der Indre (Aengdr) [Einfluß in die Loire zwischen der Vienne und dem Cher]. — 35) † Die Vendée und die Sevre (Sevre Niortaise, l. Sevr Niortäs) [Ausfluß zwischen der Loire und der Charente=Mündung]. — 36) † Die Drome [Einfluß in die Dorbogne rechts]. — 37) † Der Tarn [Einfluß in die Garonne rechts, O.S.O. von der Lot=Mündung]. — 38) † Der Aveiron (l. Avehron) [Einfluß in den Tarn rechts]. — 39) † Die Ariège (l. Ariehsch) [Einfluß in die Garonne rechts, S.S.O. von der Tarn=Mündung]. — 40) † Der Nalon [Ausfluß in den Biscavischen Meerbusen, zwischen dem 10. und 15. Merid.]. — 41) † Der Sil [Einfluß in den Minho links]. — 42) Der Sado [Ausfluß gleich S. von der Tajo=Mündung].

Viertes Stück.

Moment 1.

Bestimme ferner:

1) Die Segura (Mündung zwischen Kap Palos und Kap Martin). — 2) Der Xucar (l. Chucar), (Ausfl. zwischen Kap Martin und dem 40. Par.). — 3) Der Ebro (Mündung bekannt, Quelle N.N.W. von der Duero=Quelle, W. vom 15. Merid.), zu dessen Zuflüssen: a) die Guadeloupe und der Xalon (l. Chalon), (Einfl. in den Ebro rechts, bei beiden zwischen der Ebro=Mündung und dem 15. Merid., der erste am nächsten der Mündung); b) der Segre, der Gallego (l. Galjego) und der Aragon (Einfl. in den Ebro links, zwischen der Mündung und dem 15. Merid, der erste am nächsten, der letzte am fernsten von der Mündung). — 4) Der Rhone (Mündung im Busen von Lyon durch verschiedene Arme; Quelle N. vom 45. Par., gleich O. vom 25. Merid.), zu dessen Zuflüssen gehört: a) die Saone (l. Sohne), (Einfl. rechts, Quelle unweit denen der Mosel und Maas); b) der Doubs (l. Du), (Einfl. in die Saone links, Quelle unweit der Illquelle); c) die Isère (l.

Isär), (Einfl. in den Rhone links, gleich N. vom 45. Par.); d) die Durance (l. Dürangs), (Einfl. in den Rhone links, S. vom 45. Par., nahe am Trennungspunkte seiner Mündungsarme). — 5) Genfer-See (N. vom 45. Par., gleich W. vom 25. Merid., durchflossen vom Rhone). — 6) Der Arno (Mündung auf der Westküste von Italien in dem südl. Theile des Genuesischen Busens). — 7) Die Tiber (Mündung in das Toscanische Meer, gleich W. vom 30. Merid.). — 8) † Der Brandano (Mündung in der Nordküste des Busens von Taranto). — 9) † Der Ofanto (Mündung im Manfredonischen Busen). — 10) † Die Pescara (Mündung in der Mitte der Pescarabucht). — 11) Der Po (Mündungen bekannt, Quelle gleich S. vom 45. Par., gleich W. vom 25. Merid.), unter dessen Zuflüssen: a) der Mincio (Mintscho); b) der Oglio (l. Oljo); c) die Adda; d) der Ticino (l. Titschino), (alle vier links einfließend, der erste unter ihnen am nächsten an der Mündung, der letzte am fernsten von derselben); e) der Tanaro (Einfl. rechts im 45. Par., O. vom 25. Merid.). — 12) † Garda-See (durchflossen vom Mincio). — 13) † Iseo-See (durchflossen vom Oglio). — 14) † Comer-See (durchflossen von der Adda). — 15) † Lago Maggiore (l. Matschore), (durchfl. vom Ticino). — 16) Die Etsch (Mündung ins Adriatische Meer, gleich N. von der nördlichsten Pomündung). — 17) † Die Piave (Mündung gleich NO. von der Etschmündung und gleich O. vom 30. Merid.). — 18) † Die Narenta (Mündung in der Ostküste des Adriatischen Meeres, beinahe im 35. Merid.). — 19) Der Drino (Mündung im Drinobusen). — 20) Die Vojussa (Mündung gleich N. vom Kap Linguetta). — 21) † Die Salambria (Ausfl. in der Westküste des Salonichibusens, gleich S. vom 40. Par.). — 22) Die Maritza (Mündung in der Nordküste des Aegeischen Meeres, gleich W. vom Sarosbusen). — 23) Die Donau (Mündungen bekannt; Quelle gleich N.N.W. vom Bodensee, d. h. S. vom 50. Par., zwischen dem 25. und 30. Merid.), unter deren vielen Zuflüssen: a) der Pruth (links, gleich W. von den Donaumündungen und O. vom 45. Merid.); b) die Aluta (Einfl. links, O. vom 40. Merid.); c) die Theiß (Einfl. links, gleich N. vom 45. Par., zwischen dem 35. und 40. Merid., Quelle zwischen dem 45. und 50. Par. und 40. und 45. Merid.); d) die Szamos (Einfl. in die Theiß links, ungefähr im

40. Merid.); e) die Marosch (Einfl. in die Theiß links, gleich N. vom 45. Par., W. vom 40. Merid.); f) die March (Einfl. in die Donau links, gleich W. vom 35. Merid.); g) die Marowa (Einfl. rechts, gleich W. vom 40. Merid.); h) die Sau (Einfl. rechts, gleich W. von der Morawa-Mündung, Quelle gleich N. vom Triester-Busen); i) die Drau (Einfl. rechts, gleich N.W. von der Sau-Mündung; Quelle gleich N.W. von der der Sau); k) der Inn (Einfl. rechts, O. vom 30. Merid., Quelle zwischen denen des Rheins und der Adda); l) † die Isar und m) † der Lech, beide rechts, die erste O., der zweite W. vom 30. Merid.). — 24) Der Dniester (Mündung bekannt, Quelle gleich S.O. vom Schneidepunkte des 50. Par. und 40. Merid.). — 25) Der Bug (Einfl. in die Dniester-Münd., auf der Nordküste, Quelle gleich S.W. vom Schneidepunkte des 50. Par. und 45. Merid.). — 26) Der Dnjepr (Mündung bekannt, Quelle N. vom 55. Par. O. vom 50. Merid.), unter dessen Zuflüssen: a) der Prypec (Einfl. rechts, Quelle N. vom 50. Par., zwischen dem 40. und 45. Merid.); b) der Styr (Einfl. in den Prypec rechts); c) die Beresina (Einfl. in den Dnjepr rechts, N. von der Prypec-Münd.); d) die Worskla (Einfl. links, S. vom 50. Par.); e) die Desna (Einfl. links, gleich N. vom 50. Par., Quelle gleich S. vom 55. Par., gleich O. vom 50. Merid.); f) der Sem (Einfl. in die Desna links); g) die Sos oder Sosha (Einfl. in den Dnjepr links, zwischen den Mündungen des Prypec und der Beresina). — 27) Der Don (Mündung bekannt, Quelle S. vom 55. Par., zwischen dem 55. und 60. Merid.), unter dessen Zuflüssen: a) die Soswa (Einfl. rechts, mitten zwischen dem 50. und 55. Par.); b) der Donetz (Einfl. rechts, unweit der Don-Mündung); c) die Worona (Einfl. links, ungefähr im 60. Merid.); d) der Woronesch (Einfl. links, ungefähr mitten zwischen der Donquelle und dem 50. Par.). — 28) Der Kuban (Münd. in das Schwarze Meer, ungefähr im 45. Par., gleich W. vom 55. Merid.). — 29) Der Jekil-Irmak (Mündung in das Schwarze Meer, gleich N. vom 40. Par., gleich W. vom 55. Merid.). — 30) † Der Kisil-Irmak (Mündung in das Schwarze Meer, gleich W. von der Münd. des Jekil-Irmak). — 31) Der Sarabad (Münd. in das Aegeische Meer, ungefähr im 45. Merid.). — 32) Der Asi (Ausfl. in den Skanderunbusen). — 33) Der Nil (Mündungen gleich N. vom 30. Par.,

W. vom 50. Merid.; Entstehung durch Vereinigung von Bahr el Abiad und Bahr el Azrek, gleich N. vom 15. Par. und gleich O. vom 50. Merid.), zu welchem gehören: a) die beiden Quellflüsse Bahr el Abiad, d. h. der Weiße Fluß, und Bahr el Azreck, d. h. der Blaue Fluß (von denen der erste muthmaßlich S. vom 10. Par., zwischen 45. und 50. Merid. entspringt, der letzte aber N. vom 10. Par., W. vom 55. Merid. seine Quelle hat); b) der Atbarra (Einfl. rechts, zwischen dem 15. und 20. Par., O. vom 50. Merid., entstehend durch Vereinigung von Mareb und Tacazze (wovon der erstere der östliche, der letztere der westliche ist); c) der Dender (Einfl. in den Bahr el Azrek rechts). — 34) Der Dembea-See (durchflossen von Bahr el Azrek, geschnitten vom 55. Merid., N. vom 10. Par.). — 35) Die Mejerda (Münd. in den Meerbusen von Tunis). — 36) Der Schellif (Mündung ins Mittelländische Meer, N. vom 35. Par., W. vom 20. Merid.). — 37) Die Mulwia (Mündung ins Mittelländische Meer, gleich N. vom 35. Par., gleich O. vom 15. Merid.).

Moment 2.

Merke der Flüsse und Seen

A. Namen.

1) Segura. — 2) Xucar. — 3) Ebro, mit a) Guadelope und Xalon; b) Segre, Gallego und Aragon. — 4) Rhone, mit a) Saone; b) Doubs; c) Isère; d) Durance. — 5) Genfer See. — 6) Arno. — 7) Tiber (Tebere). — 8) Brandano. — 9) Ofanto. — 10) Pescara. — 11) Po, mit a) Mincio; b) Oglio; c) Adda; d) Ticino (Tessin); e) Tanaro. — 12) Garda-See (Lago di Garda). — 13) Iseo-See (Lago d' Iseo). — 14) Comer See (Lago di Como). — 15) Lago Maggiore. — 16) Etsch (Adige, l. Adihsch). — 17) Piave. — 18) Narenta. — 19) Drino. — 20) Vojussa. — 21) Salambria. — 22) Moritza. — 23) Donau, mit a) Pruth; b) Aluta; c) Theiß; d) Szamos; e) Marosch; f) March; g) Morawa; h) Sau (Save); i) Drau (Drave); k) Inn; l) Isar; m) Lech. — 24) Dniester. — 25) Bug. — 26) Dnjepr, mit a) Prypec; b) Styr; c) Beresina; d) Worschka; e) Desna; f) Sem; g) Sos oder Sosha. — 27) Don, mit a) Soswa; b) Donetz; c) Worona; d) Woronesch. — 28) Kuban. — 29) Jekil-Irmak. — 30) Kisil-Ir-

mak. — 31) Sarabad. — 32) Ast. — 33) Nil, mit a) Bahr el Abiad (d. i. Weißer Fluß) und Bahr el Azrek (d. i. Blauer Fluß); b) Atbarra mit Mareb und Tacazza; c) Dender; d) Dembea-See (Tzana); e) Mejerda. — 36) Schellif. — 37) Mulwia.

B. Lage.

1. Unbestimmte. Z. B. daß die Segura gezogen wird von der Mündung aus: a) nach W., und b) nach N. W., u. s. w. *)

2. Bestimmte. Z. B. daß die Segura zwischen dem 35. und 40. Par. und O. vom 15. Merid. liegt u. s. w. *).

Zusatz. — 1) † Der Guadiaro, † Guadalorze, † Grande, † die Adra und † die Almeria [Mündungen in der Bucht zwischen Kap Europa und Kap Gata, der Reihe nach von W. nach O.] — 2) Der Almanzor [Mündung in der Bucht zwischen Kap Gata und Kap Palos]. — 3) † Die Sangonera [Einfluß in die Segura rechts]. — 4) † Der Mundo [Einfluß in die Segura links.] — 5) † Der Cabriel [Einfluß in den Xucar links]. — 6) † Der Guadalaviar [Ausfl. zwischen Xucar-Mündung und dem 40. Par.]. — 7) † Die Palancia und † der Mijares [Küstenflüsse zwischen dem Guadalaviar und der Ebro-Mündung, Ausfl. der erstern S. vom 40. des letztern im 40. Par.]. — 8) † Der Martin, † der Aguas und † die Guarva [Einfl. in den Ebro rechts, zwischen Xalon und Guadalope]. — 9) † Die Alama und die † Yregua [Einfl. in den Ebro rechts, zwischen Xalon- und Ebro-Münd.]. — 10) † Die Noguera Pallaresa [l. Paljaresa] und † die Noguera Ribagorzana [Einfl. in den Segre rechts]. — 11) † Die Cinca und † der Alcandre [gemeinschaftlicher Einfl. in den Segre rechts, ganz nahe der Segre-Mündung]. — 12) † Die Agra [Einfl. in den Aragon rechts, unweit von dessen Mündung]. — 13) † Der Llobregat [l. Ljowregat], [Ausfl. ungefähr mitten zwischen der Rhonemündung und Kap Sebastian]. — 14) † Der Ter [Ausfl. gleich N. vom Kap St. Sebastian]. — 15) † Der Tet [Ausfl. im Busen von Lyon, N. vom Kap St. Sebastian]. — 16) † Die Aude [l. Od], † die Orbe, † der Hérault [l. Herol], [Mündungen im Busen von Lyon, zwischen Tet und Rhone der Reihe nach]. — 17) † Der Ganges [l. Gangsch], [Einfl. in den Hérault links]. — 18) † Der Gard und † die Ardèche [l. Ardäsch], [Einfl. in den Rhone rechts, der erste unweit den Mündungen, der zweite gleich N. vom ersten]. — 19) † Der

*) Konstruire aus dem Gedächtniß.

Ain [l. Aeng], [Einfluß in den Rhone rechts, zwischen der Saonemündung und dem Genfer=See]. — 20) † Die Drôme [Einfluß in den Rhone links, zwischen Isére und Durance]. — 21) † Der Argens [l. Arschang] und der Var [Küstenflüsse zwischen dem Rhone und dem 25. Merid.]. — 22) † Die Cecina [l. Tschetschina], † der Ombrone, † die Fiora und † die Marta [Küstenflüsse der Reihe nach zwischen Arno und Tiber]. — 23) See von Bolsena [Ausfluß durch Marta]. — 24) † Die Nera und † der Teberone [Einfluß in die Tiber links]. — 25) † Die Chiana [Einfluß in die Tiber rechts]. — 26) † See von Perugia [l. Perudscha], [zwischen der Tiber und der Chiana]. — 27) † Der Salto [Einfluß in die Nera links]. — 28) † See von Celano [l. Tschelano], oder † Fucino [l. Futschino], [in der Nähe der Quelle des Salto]. — 29) † Der Garigliano [l. Gariljano] und † Volturno [Mündung beider im Busen von Gaeta]. — 30) † Der Calore [Einfluß in den Volturno links]. — 31) † Der Sele [Einfluß in den Salernobusen]. — 32) † Der Nieto [Einfluß ins Jonische Meer, gleich W. vom 35. Merid.]. — 33) † Der Crati und † Agri [Mündung im Busen von Taranto, der erste gleich S. der zweite gleich N. vom 40. Par.]. — 34) † Der Cervaro [l. Tschervaro] und † Cesone [l. Tschesone], [beide in den Manfredonia=Busen, gleich N.W. von der Ofanto=Mündung]. — 35) † Der Fortore, † Biferno, † Triagno [l. Trianjo] und † Sangro [Mündungen dieser aller in der Pescarabucht, S.O. von der Pescara=Mündung]. — 36) † Vomano, † Tornido, † Tronto, † Chienti [l. Kienti], † Potenza und † Musone [alle in die Pescarabucht mündend, der Reihe nach N.W. von der Pescara=Mündung]. — 37) † Der Metauro, † die Voglia [l. Volja], † die Marecchia [l. Marekkia], † der Savio, † der Ronco, † der Montone und † der Amone [Mündung der Reihe nach nordwärts in der Küstenstrecke zwischen der Pescarabucht und der Po=Mündung]. — 38) † Der Olone, † die Sesia, † die Dora Baltea und † die Dora Ripera [Einflüsse in den Po links, zwischen der Adda=Mündung und der Po=Quelle]. — 39) † Die Sura und † die Bormida [Einfluß in den Tanaro, des ersten links, des zweiten rechts]. — 40) † Die Trebbia, † der Taro, † die Parma, † der Panaro, † der Reno, † die Savena, † der Silaro, † der Santerno und † der Senio [Einflüsse in den Po rechts, zwischen Tanaro und der Po=Mündung.]. — 41) † Der Bacchiglione [l. Bakkiljone] und † die Brenta [Mündung in den Busen von Venedig, zwischen der Etsch und der Piave=Mündung]. — 42) † Die Livenza, † der Tagliamento und † der Isonzo [von denen der letzte und östlichste in den Triester Busen mündet]. — 43) Der Quieto [Mündung in der Westküste der Halbinsel Istrim]. —

44) † Die Kerka [Mündung ins Adriatische Meer, zwischen dem Guarnero=Busen und dem 35. Merid.]. — 55) † Die Bojana [Ausfluß in den Drino=Busen, gleich N. von der Drino=Mündung]. — 46) † See von Skutari [durchflossen von der Bojana]. — 47) † Weißer und Schwarzer Drin [Quellflüsse des Drin oder Drino]. — 48) † Der Jgkuni und † die Krewosta [Mündung zwischen Bojussa=Mündung und Drino=Busen]. — 49) † Die Arta [Mündung in den Artabusen]. — 50) † See von Janina [zwischen der Arta und der Küste des Jonischen Meeres]. — 51) † Der Aspro [Mündung auf der Nordküste des Patrasbusens]. — 52) † Die Rufia [Ausfluß in der Bucht von Arkadien]. — 53) Basili oder Basilipotamos [Ausfluß im Kolokythiabusen]. — 54) † Asopo [Ausfluß in die Straße zwischen Negroponte und dem Festlande]. — 55) Topolje=See [zwischen dem Meerbusen von Lepanto und dem von Talanta, welcher letztere die nördliche Hälfte der Straße zwischen Negroponte und dem Festlande ist]. — 56) † Der Mauronero [Einfluß in den Topolje=See]. — 57) † Die Hellada [Mündung im Meerbusen von Zeitun]. — 58) † Der Jndsje Karasu, † die Bestritza und † der Vardar [Ausfluß in den Meerbusen von Salonichi]. — 59) † Struma oder Karasu [Mündung im Busen von Contessa]. — 60) † Karasu [Mündung in der Nordküste des Adriatischen Meeres, gleich O. von der Struma=Mündung]. — 61) † Die Tundsja und † Bojukdere [Einfluß in die Maritza links]. — 62) † Die Arda [Einfluß in die Maritza rechts]. — 63) † Der Kamerik [Mündung im Busen von Varna]. — 64) † Der Sereth [Einfluß in die Donau links, gleich W. von der Pruth=Mündung]. — 65) † Der Ardsisch [Einfluß in die Donau links, zwischen Aluta und Sereth]. — 66) † Die Dumbowitza [Einfluß in den Ardsisch links]. — 67) † Der Hernath und † der Bobrog [Einfluß in die Theiß rechts, gleich W. vom 40. Merid.]. — 68) † Der Gran und † die Waag [Einfluß in die Donau links, O. vom 35. Merid.]. — 69) † Der Regen, † die Naab und † die Altmühl [Einfluß in die Donau links, W. vom 30. Merid.]. — 70) † Der Jsker [Einfluß in die Donau rechts, zwischen dem 40. und 45. Merid.]. — 71) † Serbische und † die Bulgarische Morawa [Quellflüsse der Morawa]. — 72) † Die Drina, † die Bosna, † der Verbas und † die Unna [Einfluß in die Sau rechts, der Reihe nach westwärts]. — 73) † Die Muhr [Einfluß in die Drau links]. — 74) † Die Raab [Einfluß in die Donau rechts, gleich O. vom 35. Merid.]. — 75) † Der Plattensee [geschnitten vom 35. Merid., zwischen dem 45. und 50. Par., Ausfluß durch Sio in die Sarvitz und durch diesen in die Donau]. — 76) † Neusiedler=See [zwischen Raab und Donau, Abfluß in die Raab]. — 77) † Die Ens [Einfl. in die Donau rechts,

zwischen Inn und Raab]. — 78) † Die Salza [Einfluß in den Inn rechts]. — 79) † Iller [Einfluß in die Donau rechts, zwischen der Donauquelle und der Iser=Mündung]. — 80) † Die Moldawa [Einfluß in den Sereth rechts]. — 81) † Der Bachlui [Einfluß in den Pruth rechts]. — 82) † Der Ingulez [Einfluß in die Dnjepr=Mündung rechts, gleich O. vom 50. Merid.] — 83) † Die Roff [Einfluß in den Dnjepr rechts, S. vom 50. Par., gleich O. vom 50. Merid.]. — 84) † Die Jasiolda und die Gorpn [Einfluß in den Prybec, des erstern links, des letztern rechts, beide W. vom 45. Merid.]. — 85) † Der Manicz [Einfluß in den Don links, unweit der Don=mündung]. — 86) † Die Medwediza [Einfluß in den Don links, gleich O. von der Worona=Mündung]. — 87) † Der Khoper [Einfluß in die Worona links]. — 88) † Der Oskol [Einfluß in den Donetz links, gleich O. vom 55. Merid.]. — 89) † Der Rioni oder Rion [Mündung bekannt]. — 90) † Der Kulei=Hissar [Einfluß in den Jekil=Irmak rechts]. — 91) † Der Kisil=Hissar [Einfluß in den Kisil=Irmak links]. — 92) † Die Sakaria [Mündung in der Südküste des Schwarzen Meeres, zwischen der Meerenge von Konstantinopel und dem 50. Merid.]. — 93) † Der Minder [Mündung in der Ostküste des Aegeischen Meeres, ungefähr im 45. Merid.].

Fünftes Stück.

Moment 1.

Bestimme ferner:

1) Der Sebao (Mündung ins Atlantische Meer, S. vom 35. Par., O. vom 10. Merid.; Quelle S. vom 35. Par., gleich W. vom 15. Merid.). — 2) Der Tensif (Mündung S. vom 35. Par., gleich W. vom 10. Merid.). — 3) Der Senegal (Mündung bekannt; Quelle muthmaßlich S. vom 15. Par., zwischen dem 5. und 10. Merid.). — 4) Die Gambia (Mündung bekannt; Quelle muthmaßlich zwischen dem 10. und 15. Par., entweder O. oder W. vom 5. Merid.). — 5) Der Rio Grande (Mündung zwischen der Gambia=Mündung und dem 10. Par.; Quelle gleich O. vom 5. Merid., N. vom 10. Par.). — 6) Der Niger (Mündungen in dem Raume zwischen dem Beninbusen und der Alt=Calabar=Mündung [oben Kreuzbusen genannt*)],

*) Siehe Nachträge und Verbesserungen.

Quellen S. vom 10. Par. W. vom 10. Merid.). — 7) Der Congo oder Zaïre (Mündung im Guineabusen, gleich S. vom 5. Par. s. Br., gleich O. vom 30. Merid., Entstehung nach einigen Nachrichten aus einem See — Achelunda — welcher muthmaßlich vom 45. Merid. geschnitten und vom 10. Par. tangirt wird). — 8) Der Coanzo (Mündung in den Guineabusen, gleich N. vom 10. Par., O. vom 30. Merid.; Quelle muthmaßlich S. vom 10. Par., entweder O. oder W. vom 40. Merid.). — 9) Der Orange Fluß (Mündung N. vom 30. Par., gleich W. vom 35. Merid.; Quellen S. vom 25. Par., gleich W. vom 45. Merid.). — 10) Der Mafumo (Mündung in die Lagoa-Bay, Quellen muthmaßlich im ungefähr 20. Par., W. vom 45. Merid.). — 11) Der Magnico (Mündung in die Lagoa-Bay, gleich N. vom Mafumo; Quelle muthmaßlich gleich S. vom 20. Par., zwischen dem 45. und 50. Merid.). — 12) Der Zambeze oder Cuama (Mündungen geschnitten vom 55. Merid., N. vom 20. Par.; Quelle muthmaßlich N. vom 45. Par., zwischen dem 40. und 45. Merid.). — 13) Der Euphrat (Mündung bekannt, Quelle gleich N. vom 40. Par., gleich W. vom 60. Merid.), unter dessen Zuflüssen: a) der Tigris (Einfluß in den Euphrat links, unweit dessen Mündung; Quelle S. vom 40. Par., zwischen dem 55. und 60. Merid.); b) der Murad (Einfluß in den Euphrat links, S. vom 40. Par., zwischen dem 50. und 60. Merid.). — 14) Der Indus (Mündung bekannt, Quelle N. vom 30. Par., gleich W. vom 100. Merid.), unter dessen Zuflüssen: a der Leh (Einfluß rechts, gleich S. vom 35. Par., W. vom 95. Merid.); b) der Kabul (Einfluß rechts, gleich S. vom 35. Par., gleich O. vom 90. Merid.); c) der Khenab oder Dschenab (Einfluß links, S. vom 30. Par., W. vom 90. Merid. Quelle zwischen dem 30. und 35. Par., ungefähr im 95. Merid.); d) der Ravee (l. Rawi), (Einfluß in den Dschenab links, gleich N. vom 30. Par., ungefähr im 90. Merid.); e) der Sedledje (l. Sedledsch), (Ausfluß in den Kenab, S. vom 30. Par., W. vom 90. Merid.). — 15) Die Nerbudda (Mündung in den Cambay-Busen; Quelle S. vom nördl. Wendekreise, W. vom 100. Merid.). — 16) Der Cavery (Mündung gleich N. vom 10. Par., zwischen dem 95. und 100. Merid.). — 17) Der Kistnah (Mündung gleich N. vom 15. Par., zwischen dem 95. und 100. Merid.). — 18) Der Godavery (Mündung N. vom 15. Par., gleich W. vom 100. Merid.; Quelle S. vom 20. Par., zwischen dem 90. und 95. Merid.) unter dessen Zuflüssen: die Worda (Einfl. S. vom 20. Par., zwischen den 95. und 100. Merid.). — 19) Der Mahanuddy (Mündungen bekannt). — 20) Der Ganges (Mündungen bekannt; Quellen gleich N. vom 30. Par., O. vom 95. Merid.), unter dessen Zuflüssen: a) die Jumna (l. Dschumna), (Einfl. rechts, N. vom 25. Par., gleich W. vom 100. Merid., Quelle gleich W. von den Gangesquellen, gleich O. vom 95. Merid.); b) der Chumbul (l. Tschumbul), (Einfl. in die Dschuma rechts, gleich O. vom 95. Merid.); c) die Goggra (Einfl. links ungefähr mitten zwischen dem 100. und 105. Merid.). — 21) Der Burremputer (Mündung unmittelbar O. von den östl. Gangesmündungen; Quelle — nach der einen der darüber bestehenden Vermuthungen — S. vom 30. Par., gleich W. vom 110. Merid.). — 22) Der Irawaddy (Ausfluß durch mehrere Mündungen in den Martaban-Busen; Quelle — nach der einen der darüber bestehenden Vermuthungen — gleich N. vom 30. Par., gleich W. vom 100. Merid., wonach er in seinem oberen Laufe den Namen Yaru-zzang-bo-tsiu führt). — 23) Der Saluaen (Thaluayn auch Muttama), (Mündung in den Martaban-Busen, N. vom 15. Par., gleich O. vom 115. Merid., muthmaßliche Quelle zwischen dem 30. und 35. Par., 110. und 115. Merid.). — 24) Der Tanasserim (Küstenfluß, dessen Mündungen in die Gewässer der Mergui-Inseln). — 25) Der Menam, im Oberlaufe Mäprän genannt (Mündung im Siambusen; Quelle zwischen dem 25. Par. und dem nördlichen Wendekreise, 115. und 120. Merid.). — 26) Der Kambodscha (Mündungen geschnitten vom 10. Par., O. vom 125. Merid.; Quelle muthmaßlich S. vom 35. Par., zwischen dem 110. und 115. Merid.). — 27) Der Sanho (Mündung in die Tonkin-Bucht, gleich N. vom 20. Par., ungefähr im 125. Merid.; Quelle S. vom 25. Par., W. vom 120. Merid.). — 28) Sikiang (Mündung in den Cantonbusen; Quelle ungefähr im 25. Par., zwischen dem 120. und 125. Merid.). — 29) Der Yantsekiang (Mündungen zwischen dem 30. und 35. Par., W. vom 140. Merid.; Quelle N. vom 35. Par., zwischen dem 105. und 110. Merid.), unter dessen Zuflüssen: a) der Hankiang (Einfluß links, O. vom 130. Merid.); b) der Litschu (Einfluß links, gleich W. vom 120. Merid.); c) der Kankiang (Einfluß rechts, gleich W. vom 130. Merid.). — 30) Der Hoangho

(Mündungen zwischen denen des Yantsekiang und dem 35. Par.; Quelle ungefähr im Schneidungspunkte vom 35. Par. und 115. Merid.). — 31) Der Payho (Mündung in den Petschelibusen; Quelle ungefähr im Schneidepunkte vom 40. Par. und 130. Merid.) unter dessen Zuflüssen: der Yuho (Einfluß rechts, ungefähr im 135. Merid.). — 32) Der Schara-Muren (Mündung im Leao-Busen, Quelle S. vom 45. Par., ungefähr im 135. Merid.). — 33) Der Amur (Mündung im Amurbusen; Entstehung durch Vereinigung von Schilka und Argyn, S. vom 55. Par., gleich W. vom 140. Merid.); wozu gehören: a) Schilka (Quelle S. vom 50. Par., W. vom 130. Merid.); b) Argyn (Abfluß des Dalai-Sees, welcher S. vom 50. Par. durch den 135. Merid. tangirt wird); c) der Kerlon (Ausfluß in den Dalai-See); d) der Tschikiri (Einfluß in den Amur links, gleich N. vom 50. Par., gleich O. vom 145. Merid.); e) der Songari (Einfluß in den Amur rechts, ungefähr im 150. Merid., Quelle N. vom 40. Par., W. vom 145. Merid.); f) der Nonni (Einfluß in den Songari N. vom 45. Par., zwischen dem 140. und 145. Merid., Quelle N. vom 50. Par., ungefähr im 140. Merid.). — 34) Der Kamtschatka-Fluß (Mündung in den Kamtschatkabusen, Quelle S. vom 55. Par., gleich O. vom 175. Merid.). — 35) Der Anadyr (Mündung in den Anadyrbusen, Quelle gleich N. vom nördl. Polarkreise, O. vom 190. Merid.).

Moment 2.

Merke der Flüsse und Seen:

A. Namen.

1) Sebao; 2) Tensif; 3) Senegal; 4) Gambia; 5) Rio Grande; 6) Niger (Dscholiba oder großer Fluß, auch Quorra oder Quarra); 7) Congo oder Zaïre mit dem muthmaßlichen See Achelunda; 8) Coanzo; 9) Orangefluß (Garieb); 10) Mafumo; 11) Magnico (Lorenzo Marques); 12) Der Zambeze oder Coama; 13) Euphrat (Frat) mit: a) Tigris, b) Mûrad; 14) Indus (Sind) mit: a) Leh, b) Kabul, c) Kenab (Chenab), d) Ravee, e) Sedledje (Satadru); 15) Nerbudda; 16) Cavery; 17) Kistnah; 18) Godawery; 19) Mahanuddy; 20) Ganges mit: a) Jumna, b) Chumbul, c) Goggra; 21) Burremputer (Brahmaputra); 22) Irawaddy (im Oberlaufe, muthmaßlich mit

dem Tsampu einerlei); 23) Saluaen (Thaluayn auch Muttama); 24) Tanasserim (Taenassare); 25) Memam (im Oberlaufe Mäprän); 26) Kambodscha (Don-Nai, im Mittellaufe Mäkhaun); 27) Sanho (Songkoi); 28) Sikiang; 29) Yantsekiang (mit verschiedenen Namen in verschiedenen Theilen seines Laufes) mit: a) Hankiang, b) Litschu, c) Kankiang; 30) Hoangho; 31) Paiho mit Yuho; 32) Schara-Muren (Sira-Muren); 33) Amur (Saghalin) mit: a) Schilka, b) Argyn, c) Kerlon, d) Tschikiri, e) Songari, f) Nonni, g) Dalai-See; 34) Kamtschatka-Fluß; 35) Anadyr.

B. Lage.

1. Unbestimmte. Z. B. daß der Sebao immer von der Mündung ostwärts gezogen wird u. s. w. *).

2. Bestimmte. Z. B. daß der Sebao S. vom 35. Par., O. vom 10. Merid. mündet u. s. w. *).

*) Konstruire aus dem Gedächtniß.

Zusatz. — 1) Die Morbea [Mündung zwischen Sebao und Tensif, gleich W. vom 10. Merid.]. — 2) Der Suse [Mündung S.S.W. vom Tensif, gleich S. vom 30. Par.]. — 3) Die Akassa [Mündung S.W. vom Suse, O. vom 5. Merid.]. — 4) Der St. Johns-Fluß [Münd. N. von der des Senegal, gleich S. vom 20. Par.]. — 5) † Der Domingo [Münd. zwischen Gambia und Rio Grande]. — 6) Der Mungo, der Bokelle oder Fluß von Sierra Leone und die Camaranca [Mündungen aller S. vom 10. Par., gleich W. vom 5. Merid.]. — 7) Der Mesurado [N. vom 5. Par., W. vom 10. Merid.]. — 8) Der Tando, die Chama, die Volta, Karhala (Mory) und Alcinga [Mündungen in die Beninbucht der Reihe nach ostwärts]. — 9) Formosa, † Escardos, † Forcados, † Ramos, † Dodo, Nun, † St. Nicolas, † Neu Calabar, † Boni und Alt Calabar [Mündungen des Niger der Reihe nach ostwärts, letztere die Hauptmündung]. — 10) Der Kreutzfluß (Cross-Fluß) [Münd. in den Alt-Calabar]. — 11) Der Danger (l. Dähndscher), in seinem oberen Theile Moönda genannt [Münd. N. vom Aequator, zwischen dem 25. und 30. Merid., Lauf und Quelle unbekannt]. — 12) Der Assasee, in seinem oberen Laufe Uguawai genannt [Ausfl. gleich O. vom Kap Lopez, Lauf und Quelle unbekannt]. — 13) Der Sekle und Kilongo [Münd. zwischen Kap Lopez und der Zaïremünd.] — 14) Der Lebundo, der Ambriz, der Loge, der Onzo, die Danda und der Bango [Flüsse zwischen Zaïre und Coanzo, der Reihe nach südwärts). — 15)

Die Longa, der Cuvo, die Catumbela, der Coparoro, der Cobal, der Bembaruge und die Angra fria [Flüsse, deren Mündungen zwischen dem Coanzo und Kap Negro]. — 16) Der Cunene [geschnitten vom 15. Par. s. Br. und dem 35. Merid., in muthmaßliche Verbindung mit Angra fria]. — 17) † Der Kuisir [Münd. gleich N. vom südl. Wendekr., zwischen dem 30. und 35. Merid.]. — Der Fischfluß [Münd. zwischen dem 25. Par. und der des Orangeflusses]. — 19) Der Elephantenfluß [Münd. zwischen dem 30. Par. und dem Kap der guten Hoffnung]. — 20) Der Kruman [muthmaßlich rechts, W. vom 40. Merid. in den Orangefl. mündend]. — 21) Der Melopo [wahrscheinlich in den Kruman mündend, rechts]. — 22) Die Moshowa [Einfluß in den Melopo links]. — 23) Schwarzer oder Nu Garieb [Einfl. in den Orangefluß links, zwischen dem 40. und 45. Par.]. — 24) † Der Zack-Fluß [Einfl. in den Orange links, zwischen dem 35. und 40. Merid. — 25) Der große Fischfluß [Einfl. in den Orangefluß rechts, gleich O. vom 35. Merid.]. — 26) Der Breede, der Gurits, der Groote oder Große Fluß, der Sonntagsfluß [Küstenflüsse zwischen dem Kap der guten Hoffnung und der großen Fischfluß-Mündung, der Reihe nach ostwärts]. — 27) Der Keischam, Johannes-Fluß, Christians-Fluß, White- [l. Uait] Rey, Borjie, Talchan, St. Lucie, Sinvocvoe [l. Sinwuwu], [Küstenflüsse zwischen dem großen Fischfluß und der Mafumo-Mündung der Reihe nach nordostwärts]. — 28) Der Spiritu Santo, Lagoa, Inhampura, Inhambane, Sabia und Sofala [zwischen Magnico und Zambeze der Reihe nach nordostwärts]. — 29) Der Lorango, Quizumgo, Macanibo, Fluß von Mozambique, Fernao veloso, Querimbo, Quizimafugo, Zongo, Quilimance und ein bedeutender Strom ohne Namen [Mündungen zwischen Zambeze und dem 60. Merid. der Reihe nach nord- und nordostwärts]. — 30) † Fluß von Sana [Mündung in den Adenbusen, S. vom 15. Par., gleich W. vom 65. Merid.]. — 31) † Der Prim [Mündung in den Indischen Ocean, S. vom 20. Par., ungefähr auf dem 75. Merid.]. — 32) † Der Aftan [Mündung in den Persischen Busen N. vom 25. Par., zwischen dem 65. und 70. Merid.]. — 33) Schat el Arab, d. i. der untere Theil des Euphrat vom Einfluß des Tigris bis zum Persischen Meerbusen]. — 34) Der Kerah [Einfluß in den Schat links]. — 35) Der Karun [Einfluß in den östlichen Mündungsarm des Euphrat]. — 36) Der große und der kleine Zab [Nebenflüsse des Tigris links]. — 37) Der Tab [Mündung in der Nordküste des Persischen Busens, gleich O. von der Karun-Mündung]. — 38) Der Nabon [Ostküste des Persischen Busens, ungefähr dem Aftan gegenüber]. — 39) † Der Diwerud [Mündung in der Nordküste der

Straße von Ormuz]. — 40) † Der Sundschi, † Bunth, † Suru, Nigor, Dust, † Sunduk, † Rumra, † Bhusul, Mucklu und Purally [Küstenflüsse zwischen der Straße von Ormuz und der Indus-Mündung, der Reihe nach ostwärts]. — 41) Der Jhylum und † Mulkan [Mündung des ersten rechts, des letzten links in den Dschenab, beide mit Dschenab, Ravee und Sedledsch das Indische Pendschab oder Fünfstromland ausmachend]. — 42) † Der Ban [muthmaßlicher Einfluß in den östlichsten Mündungsarm des Indus]. — 43) Der Banaß [Mündung in den Kutschbusen]. — 44) Der Taptee [l. Tapti], [Mündung in den Busen von Cambay, gleich S. von der Nerbudda-Mündung]. — 45) Der Panaur und Pennar [Mündungen zwischen Cavery und Kistnah]. — 46) † Der Tumbudra und der Beema [Einfluß des ersten rechts, des zweiten links in den Kistnah]. — 47) Die Wurda [Einfluß links in den Godavery]. — 48) Der Braminy [Einfluß in die Mündung des Mahanuddy]. — 49) Der Subunrecka [Münd. zwischen Braminy und Ganges]. — 50) Der Pegu oder Sittang [Zittaun], [kleiner Küstenfluß zum Delta des Irawaddy gehörend]. — 51) Der Kungkiang, Kieutung, Niaotung, † Taki und Tsientung [Küstenflüsse zwischen Sikiang und Yantsekiang]. — 52) Der Payang-See [Ausfluß rechts in den Yantsekiang mündend, ungefähr unter dem 30. Par.]. — 53) Der Kuangkiang [Einfluß in den Payang-See]. — 54) Tungling-See [Ausfluß rechts in den Yantsekiang W. von dem des Payang-See mündend]. — 55) Der Yuenkiang und der Hengkiang [Einfluß in den Tungling-See, des erstern W. des letztern O. vom 130. Merid.]. — 56) Der Kiaking und der Minkiang [Einfluß in den Yantsekiang links, zwischen dem 120. und 125. Merid., der des erstern O. von dem des letztern]. — 57) Hungtsö-See [Einfluß rechts in den Hoangho, durchflossen vom Haiho]. — 58) Tumen-Ula, Sui-Fong, Yazepira, Elepira und Senkele [Küstenflüsse zwischen der Halbinsel Korea und der Amurmündung]. — 59) Die Uda [Mündung bekannt]. — 60) Die Okota [Münd. bekannt]. — 61) Der Kartui [Münd. gemeinschaftlich mit der Okota]. — 62) Die Kowa und die Jama [Mündung des ersten in den Tauiskaja-Busen, S. vom 60. Par., zwischen dem 165. und 170. Merid., des letztern in den Jamsk-Busen, geschnitten vom 60. Par., zwischen 170. und 175. Merid.]. — 63) Talowka, Pustaja, Palan und Tigil [Küstenflüsse zwischen der Pentschina- und der Itscha-Mündung]. — 64) Karaga [Mündung in den Karaga-Busen].

Sechstes Stück.

Moment 1.

Bestimme ferner:

1) Das Kaspische Meer (geschnitten vom 40. und 45. Par., 65. und 70. Merid.), unter dessen Busen und Halbinseln: a) Mertvoibusen (geschnitten vom 45. Par., O. vom 70. Merid.); b) Kuli-Deriae-See (gleich N. vom 40. Par., O. vom 70. Merid.); c) Halbinsel Abscheron (gleich N. vom 40. Par., zwischen dem 65. und 70. Merid.). — 2) Die Wolga (Mündung in der Nordküste des Kaspischen Meeres, N. vom 45. Par., gleich O. vom 65. Merid.; Quelle im Seliger-See, zwischen dem 55. und 60. Par., gleich O. vom 50. Merid.), unter dessen Zuflüssen: a) die Twerza (Einfluß links, W. vom 55. Merid.); b) die Scheksna (Einfluß links, gleich O. von der Mologa-Mündung); c) Bielo-See (Quelle der Scheksna); d) die Kama (Einfluß links, gleich N. vom 55. Par., zwischen dem 65. und 70. Merid.; Quelle S. vom 60. Par., gleich O. vom 70. Merid.); e) die Wiätka (Einfluß in die Kama rechts, W. vom 70. Merid., Quelle gleich S. vom 60. Par., beinahe im 70. Merid.); f) die Bielaja (Einfluß in die Kama links, gleich O. vom 70. Merid.); g) die Oka (Einfluß rechts O. vom 60. Merid.; Quelle S. vom 55. Par., W. vom 55. Merid.); h) die Moskwa (Einfluß in die Oka links, gleich O. vom 55. Merid.); i) die Kliäsma (Einfluß in die Oka links, gleich O. vom 60. Merid.); k) die Tzna (Einfluß in die Wolga rechts, gleich W. vom 65. Merid.). — 3) Der Ural-Fluß (Mündung in der nördl. Küste des Kaspischen Meeres, gleich W. vom 70. Merid.; Quelle gleich S. vom 55. Par., gleich O. vom 75. Merid.). — 4) Die Emba (Mündung im Mertvoi-Busen; Quelle ungefähr in dem 50. Par., W. vom 75. Merid.). — 5) Der Attruk (Mündung in der Südostküste des Kaspischen Meeres, zwischen dem 35. und 40. Par., dem 70. und 75. Merid.). — 6) Der Kur (Mündung in der Westküste des Kaspischen Meeres, Quelle N. vom 40. Par., gleich O. vom 60. Merid.), unter dessen Zuflüssen der Aras (Einfluß rechts, gleich O. vom 65. Merid.; Quelle gleich S. vom 40. Par., gleich W. vom 60. Merid.). — 7) Der Terek (Mündung in das Kaspische Meer S. vom 45. Par., W. vom 65. Merid.). — 8) Der Aral-See (geschnitten vom 45. Par., zwischen dem 75. und 80. Me-

rid.). — 9) Der Syr-Darja (Mündung in den Aral-See, durch zwei Arme, deren nördlicher Syr-Darja und deren südlicher Kuwan-Darja heißt, gleich N. vom 45. Par., gleich W. vom 80. Merid.; Quelle N. vom 40. Par., W. vom 95. Merid.), unter dessen Nebenflüssen die wichtigsten: a) der Zuruffschan und b) der Margab (der erste rechts gleich S. vom 40. Par., O. vom 80. Merid., der zweite S. vom 40. Par., W. vom 80. Merid. einfließt). — 10) Der Amu-Darja (Mündung in der südl. Spitze des Aral-Sees; Quelle gleich S. vom 40. Par., gleich W. vom 90. Merid.). — 11) Der Zarasu (Einfluß in den Tele-Gul oder Tele-See, gleich N. vom nördl. Mündungsarme des Syr-Darja; Quelle S. vom 50. Par., zwischen dem 90. und 95. Merid.). — 12) Der Tschui (Einfluß in den See Kaban-Kulak, zwischen dem Tele-Gul und dem 85. Merid., Ausfluß aus dem Tomurtu-See, tangirt vom 95. Merid., zwischen dem 40. und 45. Par.). — 13) Balkasch-See (tangirt vom 95. Merid., geschnitten vom 45. Par.). — 14) Der Ili (Mündung in die südöstliche Spitze des Balkasch-Sees; Quelle ungefähr im 100. Merid., zwischen dem 40. und 45. Par.). — 15) Der Tarim (Einfluß in den Lop-Noor oder Lop-See, gleich N. vom 40. Par., zwischen dem 105. und 110. Merid., Entstehung durch Vereinigung von zwei Quellflüssen, ungefähr im 40. Par., W. vom 100. Merid., von denen der nördl. Kaschgar-Darja, der südl. Yarkiang-Darja heißt). — 16) Der Dschabkan Einfluß in den Ike-Aral-See, S. vom 50. Par., W. vom 110. Merid., Quelle O. vom 115. Merid.). — 17) Der Etschin (geschnitten vom 40. Par., zwischen dem 115. und 120. Merid.), dessen großer linker Zufluß Hatu-Palbu. — 18) Der Hilmend (Einfluß in den Khadjeh-See, N. vom 30. Par., W. vom 80. Merid.; Quelle gleich S. vom 35. Par., gleich O. vom 85. Merid.). — 19) Wan-See und Urmia-See (zwischen dem Tigris und dem Kaspischen Meere, der erste N.W. vom letzten). — 20) Der Jordan (Einfluß in das Todte Meer, welches N. vom 30. Par., zwischen der Ostküste des Mittelmeeres und dem 55. Merid.). — 21) Tsad-See (S. vom 15. Par. n. Br., zwischen dem 30. und 35. Merid.) mit den Mündungen von a) Schary; b) Yeou, die erste in der Südküste die letzte in der Westküste). — 22) Marawi-See (geschnitten vom 10. Par. s. Br., zwischen dem 50. und 55. Merid.).

Moment 2.

Werke der Flüsse und Seen:

A. Namen.

1) Kaspisches Meer mit: a) Mertvoi-Busen; b) Kuli-Deriae-See; c) Halbinsel Abscheron. 2) Wolga, mit: a) Twerza; b) Scheksna- und Bielo-See; c) Kama; d) Wiätka; e) Bielaja; f) Oka; g) Moskwa; h) Kliäsma; i) Tzna. 3) Uralfluß (früher Jaik). 4) Emba (Jemba). 5) Attruk (Abu Atrek). 6) Kur, mit Aras. 7) Terek. 8) Aral-See. 9) Syr-Darja (im Oberlaufe Sihon mit dem südlichen Mündungsarme Kulvar-Darja). 10) Amu-Darja (im Oberlaufe Gihon) mit a) Zurufschan (Kohuk oder Sogd); b) Margab. 11) Zarasu mit Tele-Gul. 12) Tschui mit Kaban-Kulak und Tomurtu-See oder Tuz-Gul. 13) Balkasch-See. 14) Ili. 15) Tarim (Ergheu-Gol) mit a) Lop-Noor; b) Kaschgar-Darja und Yarkiang-Darja (Yarkand). 16) Dschabkan mit Ike-Aral-See. 17) Etschin mit Hatu-Palbu. 18) Hilmend (Hirmend) mit Khadjeh-See (Zareh, Zerrah, Durrah, Lukh). 19) Wan-See und Urmia-See. 20) Jordan (Arden). 21) Tsad-See, mit a) Schary; b) Yeou. 22) Marawi-See.

B. Lage.

1. Unbestimmte. Z. B. daß die Wolga von ihrem Ausflusse aus dem Seliger-See zuerst nach S.O., dann nach N.O., weiter nach S.O., nach O.S.O., S.W. und S.O., bis zu ihrer Mündung in das Kaspische Meer gezogen wird u. s. w. *).

2. Bestimmte. Z. B. daß das Kaspische Meer vom 40. und 45. Par., dem 65. und 70. Merid. geschnitten wird u. s. w. *).

*) Konstruire aus dem Gedächtniß.

Zusatz. 1) Die Twerza [Einfluß in die Wolga links, zwischen dem 50. und 55. Merid.]. — 2) Die Mologa [Einfluß links zwischen dem 55. Merid. und der Scheksna-Mündung, Quelle gleich W. vom 55. Merid.]. — 3) † Die Czagadoska [Einfluß in die Mologa links]. — 4) Die Kostroma [Einfluß in die Wolga links, zwischen der Scheksna-Mündung und dem 60. Merid.]. — 5) Die Unsha [Einfluß in die Wolga links, O. vom 60. Merid.]. — 6) Die Wetluga [Einfluß in die Wolga links, W. vom 65. Merid.]. — 7) Die Maloma [Einfluß in die Wiätka rechts]. — 8) Die Tzepeza [Einfluß in die Wiätka links]. — 9) Die Samara [Einfluß in die

Wolga links, S. vom 55. Merid.]. — 10) Der Irgis [Einfluß in die Wolga links, beinahe im 65. Merid.]. — 11) Die Sura [Einfluß in die Wolga rechts, gleich W. vom 65. Merid.]. — 12) Die Ugra [Einfluß in die Oka links, gleich W. vom 55. Merid.]. — 13) Der kleine und der große Uzen [Steppenflüsse, beide geschnitten vom 50. Par., zwischen dem 65. und 70. Merid., der östliche der größere]. — 14) Der Turgai und der Irgis [Steppenflüsse, sich vereinigend im 80. Merid., zwischen dem 45. und 50. Par., der östliche der Turgai]. — 15) Der Bakbalun [Steppenfluß zwischen Sarasu und Tschui]. — 16) Der Talas [Steppenfluß zwischen dem Tschui und dem Sihon]. — 17) Alaktu-Gul und Ala-Gul [Steppenseen mit einander in Verbindung stehend, der letzte und östlichere geschnitten vom 45. Par. und 100. Merid.]. — 18) Der Urjuno-See [Steppensee, geschnitten vom 105. Merid., zwischen dem 45. und 50. Par.]. — 19) Der Aritei [Einfluß in den Urjunoju]. — 20) Der Petaria [Steppenfluß, in den Steppensee Tschaban mündend, gleich N. vom 45. Par., zwischen dem 115. und 120. Merid.]. — 21) Der Holin oder Onghin [Steppenfluß geschnitten vom 45. Par., zwischen dem 120. und 125. Merid.]. — 22) Der Hotan [Einfluß in den Tarim, gleich N. vom 40. Par., W. vom 100. Merid.]. — 23) Der Aksu und der Kaidu [Einfluß des ersten theils in den Kaschgar, theils in den Tarim, W. vom 100. Merid., des zweiten in den Tarim, O. vom 100. Merid.]. — 24) † Der Tedjen und † der Gurghen [Einfluß des ersten in den Kuli-Deriae-See, des zweiten in die südöstlichste Spitze des Kaspischen Meeres, gleich S. von der Atrek-Münd.]. — 25) Der Kaschrud [Einfluß in den Hilmend rechts]. — 26) Der Furrahrud [Einfluß in den Hilmend rechts, nahe an dessen Mündung]. — 27) Der Urghesan [Einfluß in den Hilmend links, W. vom 85. Merid.]. — 28) Der Lowdeah-See [Steppensee, gleich W. vom Cabesbusen, gleich O. vom 25. Merid.]. — 29) Melgig-See [Steppensee gleich O. vom Lowdeah-See, und gleich W. vom 25. Merid.]. — 30) Der Schibbi im Oberlaufe Aubi [Einfluß in den Melgig]. — 31) Der Draha und der Tafilet [Steppenflüsse, geschnitten vom 30. Par., der erste gleich O. vom 10. Merid., der letzte geschnitten vom 15. Merid.]. —

Siebentes Stück.

Moment 1.

Bestimme ferner folgende Gewässer:

I. Von England.

1) Die Themse (Mündung bekannt). — 2) Die Ouse (l. Aus), (Mündung in den Wash). — 3) Der Trent dessen Mündung der Humber. — 4) Die Tyne (l. Tain), (Mündung in die Nordsee, gleich S. vom 55. Par.). — 5) Der Severn (Mündung in den Kanal von Bristol).

II. Von Irland.

1) Der Shannon (l. Schännen), (Mündung in der Südwestküste von Irland). — 2) † Der Barrow (Mündung in der Südküste, O. vom 10. Merid.).

III. Von Neuholland.

1) Hastingsfluß (Mündung S. vom 25. Par., O. vom 170. Merid.). — 2) Paterson- (l. Pätersn) Fluß (Mündung N. vom 35. Par., W. vom 170. Merid., Quelle gleich N. vom 35. Par.). — 3) Macquarie (Steppenfluß, geschnitten vom 165. Merid., gleich S. vom 30. Par.). — 4) Lachlan (Steppenfluß, geschnitten vom 165. Merid., N. vom 35. Par.).

Moment 2.

Merke der Flüsse:

A. Namen.

I. In England.

1) Themse; 2) Ouse; 3) Trent und Humber; 4) Tyne; 5) Severn.

II. In Irland.

1) Shannon; 2) Barrow.

III. In Neuholland.

1) Hastings; 2) Paterson; 3) Macquarie; 4) Lachlan.

B. Lage.

1. Unbestimmte. Z. B. daß die Themse von der Mündung nach W., die Ouse nach W.S.W. gezogen wird u. s. w.

2. Bestimmte. Z. B. daß die Themse N. vom 50. Par., W. vom 20. Merid. mündet u. s. w. *).

*) Konstruire aus dem Gedächtniß.

Zusatz I. Gewässer von England.

1) † Blackwater (l. Bläckuater), † Stouer (l. Stauer) und † Yare (l. Jähr), [Küstenflüsse zwischen Themse und Ouse]. — 2) † Ouse [Mündung in den Humber]. — 3) † Don und † Derwend [Einfluß in die Ouse, der erste rechts, der letzte links]. — 4) † Aire (l. Aehr), [Einfluß in den Don links]. — 5) † Wharf (l. Uarf), [Einfluß in die Ouse rechts]. — 6) † Swate (l. Suäht) und † Yore [Quellflüsse der Ouse]. — 7) † Tees (l. Tis) und † Wear (l. Uihr), [zwischen Humber und Tyne]. — 8) † Tweed (l. Tuihd), [Mündung gleich N. vom 55. Par., O. vom 15. Merid.]. — 9) † Teviot [Einfluß in die Tweed rechts]. — 10) † Forth [Einfluß in den Forthbusen]. — 11) Tay [Mündung in den Taybusen gleich N. vom Forth]. — 12) † Tumel [Einfluß in den Tay links]. — 13) † Dee (l. Dih), † Don, † Deveren, † Spy (l. Späi), † Findhorn [Küstenflüsse zwischen Tay= und Murray=Busen]. — 14) † Neß=See (Loch Neß) [Ausfluß in den Murray=Busen]. — 15) † Shin= (l. Schin) See [Ausfluß in den Dornokbusen]. — 16) † Lamond=See [W. vom Forthbusen, Ausfluß in den Clyde=Busen]. — 17) † Clyde (l. Cläid) [Mündung in den Clyde=Busen]. — 18) † Mersey [Mündung in die Irische See, ungefähr im 15. Merid., S. vom 55. Par.]. — 19) † Avon [Einfluß in den Severn links].

II. Gewässer von Irland.

1) † Neagh=See [Ausfluß in der Nordküste]. — 2) † Erne=See [Ausfluß in den Donegal=Busen, gleich S. vom 55. Par., gleich W. vom 10. Merid.]. — 3) † Liffey [Ausfluß in die Bay von Dublin, S. vom 55. Par., O. vom 10. Merid.]. — 4) † Nore [Einfluß in den Barrow rechts]. — 5) Blackwater [Einfluß in der Südküste ungefähr im 10. Merid.].

Achtes Stück.

Moment 1.

Bestimme ferner folgende Wasserscheiden des östlichen Festlandes:

I. Hauptwasserscheide, welche vom Vorgebirge der Guten Hoffnung sich erstreckt:

A) In ihrer Hauptrichtung, S.W. und N.O., bis zum Ostkap (zwischen den Gewässern, welche auf der einen Seite unmittelbar oder mittelbar dem Atlantischen Oceane und nördlichen Eismeere, auf der andern theils dem indischen Meere

und dem großen Ocean zufallen, theils sich in die großen Steppengewässer sammeln).

B) In ihren Nebenrichtungen. 1) Nach O.N.O. bis N. vom 30. Par. s. Br., O. vom 45. Merid. (scheidend die Gewässer des Orange-Flusses von den kleinen Küstenflüssen zwischen dem Vorgebirge der guten Hoffnung und dem Mafumo). — 2) Nach N.W., wahrscheinlich ungefähr bis N. vom 25. Par., zwischen dem 40. und 45. Merid., scheidend die Gewässer des Orange von denen des Mafumo). — 3) Nach N., wahrscheinlich bis zwischen dem 10. und 15. Par. (scheidend die Gewässer des Magnico und der Cuama von denen des Cunene und mehrerer anderen). — 4) Nach N.O. bis S. vom 15. Par. n. Br., zwischen dem 55. und 60. Merid. (durch größtentheils unbekannte Länder gehend, scheidend zuerst die Gewässer der Cuama und der Zaïre, hierauf unbekannte Gewässer, die der West- und Ostküste Afrikas zuströmen, zuletzt die oberen Gewässer des Nil von den kleinen Steppenflüssen Anazo und Hawasch). — 5) Nach N.W. bis zur Landenge von Suez (scheidend die Gewässer des Nil vom rothen Meere). — 6) Nach N.O. bis zwischen 50. und 55. Par., W. vom 65. Merid. (scheidend Assi, Rion und einen Theil der Gewässer des Don, von Euphrat, Aras, Kur, Terek und der untern Wolga). — 7) Nach N.W. bis zu dem Punkte der Lovat-, Düna- und Wolga-Quellen (scheidend das Gebiet der Wolga von dem des Don, des Dnjepr und der Düna). — 8) Nach O.N.O. bis zur Quelle der Petschora (scheidend das Gebiet der Wolga von den Gebieten des Ilmen-, Ladoga- und Onega-Sees, Onega-Flusses, der Dwina und der Petschora). — 9) Nach S. bis zur Tobol-Quelle (scheidend das Gebiet der Wolga von dem des Oby). — 10) Nach O.S.O. bis zur Irtisch-Quelle (scheidend das Gebiet des Oby von denen des Turgai, Balkasch-Sees und Urjunoju-Sees). — 11) Nach O. bis zur Quelle des Kerlon (scheidend die Gebiete des Oby und Jenisey von mehrern kleinen Steppenflüssen). — 12) Nach O.N.O. bis Ostkap (scheidend die Gebiete des Jenisey, der Lena, der Indigirka und der Kolyma von denen des Amur, der Uda, der Okota, der Pentschina und des Anadyr.

II. Nebenwasserscheiden. Unter denen z. B.:

A) Der Westeuropäische Landrücken, sich erstreckend von den zwischen Lowat-, Düna- und Wolga-Quellen gelegenen Punkte der Hauptwasserscheide bis zum Kap Europa, nämlich:

1) Nach S.W. bis zur Quelle der San (scheidend die Gebiete der Düna, des Niemen und der Weichsel von denen des Dnjepr und des Dniester). — 2) Nach W.N.W. bis zur March-Quelle (scheidend die Gebiete der Weichsel und Oder von dem der Donau). — 3) Nach S.W. bis S. vom 50. Par., mitten zwischen dem 30. und 35. Merid. (scheidend das Gebiet der Elbe von dem der Donau). — 4) Nach N.W. bis zum Schneidepunkte des 50. Par. und 30. Merid. (scheidend die Gebiete der Elbe und des Rhein von dem der Donau). — 5) Nach S.W., S.O. und S.W. bis zu den Rhein-Quellen (scheidend das Gebiet des Rheins von dem der Donau). — 6) Nach W., bis N. vom Genfer-See (scheidend die Gebiete des Rheins und des Rhone von dem des Po). — 7) Nach N. bis zu der Quelle der Saone (scheidend die Gebiete des Rheins und der Maas von dem des Rhone). — 8) Nach S.W. bis zu der Quelle der Garonne (scheidend die Gebiete der Seine, Loire und Garonne von dem des Rhone). — 9) Nach W. bis zur Quelle des Ebro (scheidend die Gebiete der Garonne und des Adour von dem des Ebro). — 10) Nach S.O. bis zur Quelle des Duero (scheidend das Gebiet des Ebro von dem des Duero). — 11) Nach S. bis zur Quelle des Guadalquivir (scheidend die Gebiete des Ebro, Xucar und der Segura von denen des Duero, des Tajo, der Guadiana und des Guadalquivir). — 12) Nach S.W. bis Kap Europa (scheidend das Gebiet des Guadalquivir von denen der kleinen Küstenflüsse zwischen Kap Europa und Kap Gata).

B) Der Finnische und Skandinavische Landrükken, sich erstreckend von dem zwischen dem Onegasee, dem Onegaflusse und dem Bielosee gelegenen Punkte der Hauptwasserscheide bis Falsterboref; nämlich: 1) Nach N. und N.W. bis zur Quelle des Kem (scheidend die Gebiete der Onega und des Kem von denen des Onega- und des Saimen-Sees). — 2) Nach N. und W., bis zur Quelle der Torneå (scheidend mehrere kleine Flüsse der Skandinavischen Nordküste von den Gebieten des Jo, der Kemi und der Torneå). — 3) Nach S.W. bis zur Quelle des Glommen (scheidend mehrere kleine Flüsse der Skandinavischen Westküste von den Gebieten der Torneå, Skelefteå und der Indals-Elf). — 4) Nach S.O. und S.S.W., bis Kap Falsterbo (scheidend die Gebiete der Dala-Elf, des Mälar-, Hielmare- und Wetter-Sees, des Emmå ꝛc. von denen des Clarelf, des Wennern-Sees, der Lagaå ꝛc.).

C) Der südasiatische Landrücken*), sich erstreckend von einem S. vom 55. Par., ungefähr im 95. Merid. gelegenen Punkte der Hauptwasserscheide: 1) Nach S.O. und S.W. bis zur Quelle des Amu-Darja (scheidend die Gebiete des Balkasch-Sees und des Tarim von denen des Tchui, Syr-Darja und Amu-Darja). — 2) Nach S.O. bis zum Schneidungspunkte des 35. Par. und 95. Merid. (scheidend das Gebiet des Tarim von dem des Indus). — 3) Nach S.O. und N.O. bis zur Quelle des Etschin (scheidend die Gebiete des Tarim und Etschin und der zwischen ihnen liegenden Steppenflüsse von den Gebieten des Indus, Ganges, Irawaddy, Saluaen, Yantsekiang und Hoangho). — 4) Nach O.N.O. und N.O., bis N. vom 45. Par., zwischen dem 135. und 140. Merid. (scheidend die Gebiete des Hoangho, Paiho und Sira-Muren von mehreren kleinen Steppengewässern). — 5) Nach W., bis zum Hauptrücken (scheidend das Gebiet des Amur von einigen kleinen Steppengewässern und wasserlosen Landstrecken).

Anmerkung. Es sind hier bloß die wichtigsten Nebenwasserscheiden ersten Ranges angeführt. Die noch übrigen ersten Ranges, so wie sämmtliche zweiten und dritten Ranges u. s. w., kann man leicht auffinden und konstruiren, da es sich von selbst versteht, daß zwischen je zwei unmittelbar benachbarten Haupt- oder Nebenflüssen sich immer eine Wasserscheide erstrecken muß, die man meistentheils nach den wichtigsten der geschiedenen Gewässer benennen kann. So gehören zu den vom Westeuropäischen Landrücken ausgehenden Nebenwasserscheiden z. B. 1) Guadalquivir-Guadiana-Scheide; 2) Guadiana-Tajo-Scheide; 3) Tajo-Duero-Scheide; 4) Duero-Minho-Scheide u. s. w. Andere, wo diese Benennungsweise nicht anwendbar ist, kann man benennen wie z. B. Italienischer Landrücken, welcher eine Fortsetzung der Rhone-Po-Scheide ausmacht, ebenso der Jütländische Landrükken, welcher eine Fortsetzung der Oder-Elbe-Scheide bildet.

Moment 2.

Merke der Wasserscheiden:

A) Richtungen. Z. B. daß vom Vorgebirge der Guten Hoffnung die Nebenrichtungen der Hauptwasserscheide gehen:

*) Es ist zu erinnern, daß hier mit der Benennung Landrücken nicht auf flache oder niedrige Erhebung oder überhaupt auf irgend einen Charakter eines etwaigen Höhenzuges hingedeutet werden soll, sondern daß der gebrauchte Ausdruck hier nichts sein soll, als die allgemeinste Benennung eines erhobenen Bodenzuges, sei der Grad der Erhebung groß oder klein.

1) Nach N.O. bis zwischen dem 25. und 30. Par. s. Br., dem 45. und 50. Merid.; 2) Nach N.W. bis N. vom 15. Par., zwischen dem 40. und 45. Merid. u. s. w. *).

B) Lage in Bezug auf die Gewässer. Z. B. daß vom Vorgebirge der guten Hoffnung an, die 1ste Strecke der Hauptwasserscheide scheidet das Gebiet des Orange-Flusses von den Küstenflüssen zwischen dem Vorgebirge der guten Hoffnung und dem Mafumo, daß die 2te Strecke scheidet die Gebiete des Orange-Flusses und Cunene, mit dazwischen liegenden unbekannten, von den Gebieten des Mofumo, des Magnico und des Cuama u. s. w. *).

*) Konstruire aus dem Gedächtniß.

Neuntes Stück.

Moment 1.

Bestimme ferner folgende:

I. Gebirge.

1) Roggevelds-Gebirge (in der Sack-Elephantenfluß-Scheide). — 2) Nieuwevelds-Gebirge, Schneeberge und Winterberge (in der Hauptwasserscheide zwischen Roggevelds-Gebirge und der Quelle des Nu-Garieb). — 3) Beth-Gebirge (durchbrochen vom oberen Laufe des Sofala-Flusses, geschnitten vom 15. Par. s. Br. und dem 50. Merid.). — 4) Fura-Gebirge (S. vom Cuama, W. vom 50. Merid., in südlicher und nördlicher Richtung). — 5) Lupata-Gebirge, d. i. Weltrücken (durchbrochen vom Cuama, O. vom 50. Merid., und fortlaufend in nordnordöstlicher Richtung, wahrscheinlich bis in die Gegend von Bab el Mandeb). — 6) Abissinische Alpen (den östlichen Quellbezirk des Nils ausmachend). — 7) Bischarye- und Neyey-Gebirge (am Westufer des rothen Meeres, zwischen den Abissinischen Alpen und dem nördl. Wendekreise). — 8) Schigre-Gebirge (zwischen dem Bischarye-Gebirge und dem östl. Nilufer, geschnitten vom nördl. Wendekreise). — 9) Mokattam-Gebirge (am Westufer des rothen Meeres, N. vom nördl. Wendekreise). — 10) Gherdoba-Berge (geschnitten vom 30. Par., zwischen dem 40. und 45. Merid.). — 11) Schwarzer und Weißer Harudsch (beide geschnitten vom 35. Merid., der erste geschnitten vom 30. Par., der letzte N. vom 25. Par.). — 12) Hoher Atlas (in der Wasserscheide zwischen Maluvia, Tafilet

und Draha einerseits, und Sebao, Morbea und Tensif andernseits). — 13) Kleiner Atlas (ausgehend vom hohen Atlas und sich erstreckend von den Maluviaquellen bis an die Westküste des Cabesbusens). — 14) Großer Atlas (sich erstreckend, im Süden des kleinen Atlas, vom hohen Atlas aus bis in die Gegend des 25. Merid.). — 15) Kong-Gebirge (sich erstreckend wahrscheinlich aus der Gegend der Senegal- und Gambia-Quellen, durch die Quellgegend des Niger, und zwischen dessen Lauf und der Küste bis an seinen unteren Lauf, nicht weit über seinen Mündungen). — 16) Mond-Gebirge (wahrscheinlich eine jenseit des Niger beginnende Fortsetzung des Kong-Gebirges, sich muthmaßlich erstreckend bis zu den Abissinischen Alpen). — 17) Guinea-Gebirge (muthmaßlich in einem nach W. geöffneten und von der Zaïre, dem Coanzo und dem Cunene durchbrochenen, etwa von dem unteren Laufe des Niger bis Kap Negro reichenden Bogen). — 18) Libanon-Gebirge (zwischen dem Asi, dem Jordan und dem Meere, im Süden sich in den Libanon und Antilibanon theilend). — 19) Taurus-Gebirge (ungefähr von der Nordküste des Wan Sees bis zur Nordostecke des Mittelmeeres, durchbrochen vom Euphrat und Tigris). — 20) Antitaurus von der Quelle des Aras nach W.S.W., bis ungefähr in den 50. Merid., zwischen dem 35. und 40. Par., zum Theil Wasserscheide zwischen Euphrat und dem schwarzen Meere. — 21) Kaukasus (zwischen dem schwarzen Meere, Kur, Kaspischen Meere, Terek und Kuban). — 22) Ural-Gebirge (in der Oby-Wolga-, und Oby-Petschora-Scheide, südwärts bis an den Ural-Fluß, N. vom 50. Par.). — 23) Kalmyk Tologoi (von den Sarasu-Quellen nach O. bis zum Irtisch). — 24) Altai (vom Irtisch, dem Kalmyk Tologoi gegenüber, ostwärts bis ungefähr in den 110. Merid.) — 25) Russischer Altai (gleich N. vom Altai, durchbrochen vom Obi, ostwärts bis zwischen den 105. und 110. Merid.). — 26) Tangnu Oola (vom Altai und Russischen Altai ostwärts bis an die Jenisey-Quelle). — 27) Ergik-targak-taiga, zum Theil auch Sajanisches Gebirge genannt (N. vom Tangnu Oola, an seinem westl. Ende vom Jenisey durchbrochen, ostwärts bis N. von der Jeniseyquelle). — 28) Khangai (in der Dschabkan-Selenga-Scheide bis N. vom 45. Par., O. vom 120. Merid.). — 29) Gurbi-Gebirge (vom Ergik-targak-taiga S.O. bis ungefähr in den Schneidepunkt des 50. Par. und 120. Merid.). — 30) Baikal-

Gebirge (vom Gurbi-Gebirge aus nordwärts, längs der Nordseite des Baikal bis zu dessen Nordostende, durchbrochen von der Angara). — 31) Ubendzong (vom südlichen Ende des Gurbi-Gebirges im 50. Par. ostwärts bis an die Selenga). — 32) Kentai (zwischen der Selenga und dem 130. Merid., S. vom 50. Par.). — 33) Jablonnoi- und Stanowoi-Chrebet (vom Kentai aus in der Wasserscheide fort bis zum Ostkap). — 34) Tarbagatai (S. vom Kalmyk Tologoi bis zum Alaktukul). — 35) Ala Tau (in der Scheide zwischen Balkasch und Alaktukul, bis gleich S. vom 45. Par., gleich O. vom 100. Merid.). — 36) Mus-tagh (vom Schneidepunkte des 40. Par. und 90. Merid. in ostnordöstlicher Richtung bis S. vom 45. Par., zwischen dem 110. und 115. Merid., wovon ungefähr die Mitte, zwischen dem 100. und 105. Merid., den Namen Bogdo Dola führt). — 37) Ala Tau (zwei von der westlichen Hälfte des Mus-tagh ausgehende und westwärts den Raum zwischen Balkasch-See und Tschui, so wie Tschui und oberen Sihon einnehmende Züge). — 38) Zung-ling (vom Westende des Mustagh bis in den 35. Par., O. vom 95. Merid., d. i. in der Wasserscheide zwischen Gihon und Indus einerseits und dem Tarimgebiete anderseits). — 39) Küen-lün (vom östlichen Ende des Zung-ling, ostwärts bis in die Gegend der Hoangho-Quellen). — 40) Hindu-Kuh (in der Wasserscheide zwischen Gihon und Hilmend einerseits und dem Kabul andernseits). — 41) Kara-korum-Gebirge (Fortsetzung des Zung-ling südostwärts bis Nord von den Quellen des Indus). — 42) Gang-dis-ri (von den Indusquellen im N. des 30. Merid. ostwärts bis gleich W. vom 115. Merid.). — 43) Himalaja (vom Indus, dem Einflusse des Kabul gegenüber, nach O.S.O. und O. bis an das rechte Ufer des oberen Burremputer; also in der Scheide zwischen Indus und Tsampu einerseits und dem Ganges und Burremputer andernseits). — 44) Gebirge der Hinterindischen Halbinsel, welche sich theils in die Halbinsel Malacca, theils in die Halbinsel Kambodscha ziehen). — 45) Nanschan (N. vom Ostende des Küen-lün in der Hoangho-Etschin-Scheide). — 46) Inschan (Fortsetzung des Nanschan, am nördlichen Ufer des Hoangho bis in den 130. Merid.). — 47) King-Khan (vom östlichen Ende des Inschan N.O. und N. bis an den Amur, beinahe im 140. Merid.). — 48) Sifan (geschnitten vom 35. Par., zwischen dem 120. und 125. Merid., in nordöstlicher Richtung). — 49) Siweling (südwestliche Fortsetzung des Sifan, bis an den Yantsekiang, zwischen dem 115. und 120. Merid.) — 50) Peling (vom südl. Theile des Sifan aus ostwärts in der Yantsekiang-Hoangho-Scheide). — 51) Kanling (in der Si-kiang-Yantsekiang-Scheide, und weiter N.O. bis in die Nachbarschaft der Küste). — 52) Schantung (die Landspitze O. vom 135. Merid., N. vom 35. Par.). — 53) Tsüjün-Schan und Gebirge der Dinos (von dem Schneidepunkte des 40. Par. und 140. Merid., in N.O. und N.N.O. Richtung, bis zur Amurmündung; das erste Gebirge den südwestlichern Theil des Zuges ausmachend). — 54) Pepi-Schan (parallel mit Tsüjün-Schan und davon südöstlich). — 55) Jainskisches Gebirge (in der Jana-Lena-Scheide, in der Gegend des 65. Par.). — 56) Garro- und Langtan-Gebirge (auf der ganzen Südseite des westlich laufenden Theiles des Buremputer). — 57) Vindya- und Adschmir-Gebirge (in der Gegend des nördl. Wendekreises und des 25. Par., quer durch den Norden der Vorderindischen Halbinsel, zwischen den Ganges- und Indus-Mündungen, ersteres den größeren und östlichen Theil einnehmend). — 58) West Gats und Ost Gats (erstere die West-, letztere die Ost-Küste der Vorderindischen Halbinsel durchziehend). — 59) Paropamisus (vom Westende des Hindu-Kuh bis an die Südostecke des Kaspischen Meeres, durchbrochen vom Murgab). — 60) Alburs (das Südufer des Kaspischen Meeres einnehmend). — 61) Indo-Persisches Grenzgebirge, auch nach dem Namen eines seiner Theile, Tukte Soliman — d. i. Salomons Thron — genannt (vom Hindu-Kuh S.S.W. bis an die Küste, W. von den Mündungen des Indus). — 62) Südpersisches Gebirge (vom südl. Theile des Indo-Persischen Grenzgebirges, westwärts bis über die Meerenge von Ormus hinaus). — 64) Westpersisches Gebirge (von der Straße von Ormus aus in nordwestlicher Richtung sich längs des Persischen Meerbusens und des Tigris erstreckend, bis in die Gegend des 35. Par.), aus mehreren Theilen bestehend, zu denen, O. vom Tigris, das Zagros-Gebirge gehört. — 64) Sierra (d. i. Gebirge) de Ronda, de Sierra de Loja (l. Locha), Sierra Nevada (von Kap Europa aus der Reihe nach in der Scheide zwischen dem Guadalquivir und der Südküste der Spanischen Halbinsel). — 65) Alpujarras (l. Alpucharras), (südlich von der Sierra Nevada, ihr parallel). — 66) Sierra

Morena (in der Guadiana-Guadalquivir-Scheide). — 67) Sierra de Guadalupe und Montes de Toledo (in der Tajo-Guadiana-Scheide). — 68) Sierra Estrella, Sierra de Gata, Sierra Guadarama, Somo Sierra (der Reihe nach von W. nach O. in der Duero-Tajo-Scheide). — 69) Asturisches und Cantabrisches Gebirge, und Pyrenaen (der Reihe nach von W. nach O. zwischen Kap Finisterre und der Westküste des Busens von Lian). — 70) Sierra de Cazorla (in der Guadalquivir-Segura-Scheide). — 71) Sierra de Molina und Sierra de Albaracin (an den Quellen des Tajo und des Xucar). — 72) Sierra de Oca (in der Ebro-Duero-Scheide). — 73) Sevennen (in der Garonne-Rhone-, so wie der Loire-Allier-Scheide). — 74) Côte d'Or (in der Seine-Saône-Scheide). — 75) Monts Faucilles oder Sichelberge (in der Mosel-Saône-Scheide). — 76) Jura (scheidend Aar und Rhone von Doubs und Ain). — 77) Schweizer Alpen (in der Rhein-Po-Scheide). — 78) Algauer-Alpen (in der Rhein-Donau-Scheide, gleich O. vom Bodensee). — 79) Schwarzwald (Donau-Rhein- und Nekkar-Rhein-Scheide). — 80) Rauhe oder Schwäbische Alb (Alp), (Neckar-Donau-Scheide). — 81) † Fränkischer Landrücken (Donau-Main-Scheide). — 82) Fichtelgebirg (Main-Saale-Eger-Naab-Scheide). — 83) Böhmerwald und Mährisches Gebirge (Donau-Elb-Scheide, der erste W., das letzte O. von den Moldauquellen). — 84) Das Gesenke (Oder-Donau-Scheide). — 85) Die Karpathen (Donau-Weichsel-, Donau-Dniester- und Donau-Marosch-Scheide). — 86) † Nordrussischer Landrücken (im Westeuropäischen Landrücken von den Karpathen bis zum Uralgebirge), wozu gehören die Höhen von Wolkonsky und die Höhen von Schemokonsky (die ersten in der Gegend der Düna- und Lowat-Quellen, die letzten in der Dwina-Wolga-Scheide). — 87) Auvergne- (l. Overnje) Gebirge (Loire-Garonne-Scheide). — 88) Forèt d'Orleaus (l. Forä d'Orleang), d. i. Wald von Orleans (Loire-Seine-Scheide). — 89) Cotes du Nord (l. Cot dü Noor), (Höhen der Halbinsel Bretagne) deren nordwestlichster und südwestlichster Theil, an der Küste, das Arrée-Gebirge und die Montagnes Noires (l. Mongtanje Noar) sind. — 90) Die Eifel und die Hohe Veen (Maas-Mosel-Scheide). — 91) Vogesen oder Wasgau-Gebirge (Mosel-

Rhein-Scheide). — 92) Das Hardtgebirge, der Hundsrück und der Donnersberg (in nördlicher Fortsetzung der Vogesen). — 93) Der Odenwald und der Spessart (Nekkar-Main-Scheide). — 94) Der Taunus, das Vogelsgebirge, das Rhöngebirge, der Frankenwald (Main-Lahn- und Main-Weser-Scheide). — 95) Siebengebirge und Westerwald (zwischen Rhein und Lahn, N. von letzter). — 96) Egge-Gebirge (nordöstliche Fortsetzung des Westerwaldes). — 97) Thüringer-Wald (Werra-Saal-Scheide). — 98) Harz-Gebirge (Leine-Aller-Saal-Scheide). — 99) Erzgebirge (im Norden an der Eger hin, vom Fichtelgebirge bis zur Elbe). — 100) Riesen-Gebirge und Sudeten (Oder-Elb-Scheide, vom Erzgebirge bis zum Mährischen Gebirge). — 101) Olonetz-Gebirge (in der Scheide zwischen dem Weißen Meere und Onega-See). — 102) Maanselki oder Finnischer Landrücken (Saimen-Kem-Scheide). — 103) Kölen (l. Tjölen) oder Seve-ryggen (Skandinavische Hauptwasserscheide, von den Quellen des Muoneo bis zu denen des Glommen). — 104) Norrska Fjellen (in der Wasserscheide von den Glommenquellen bis Kap Lindesnäs, dessen Theile Dovre-fjeld, Lange-fjeld und andere). — 105) Tiveden und Kolmården (erster in der Wetter-Hjelmar-Scheide, letzter Fortsetzung des ersten bis zum Brå-Busen. — 106) Kinne-Kulle (l. Tjinne-Kulle), (am östlichen Ufer des Wenner-Sees). — 107) Om-Berg (am östlichen Ufer des Wetter-Sees). — 108) Penninische Alpen, Grajische Alpen, Cottische Alpen und Seealpen (von den Schweizer Alpen aus der Reihe nach südwärts, in der Rhone-Po-Scheide). — 109) Apenninen (von den Meeralpen aus längs der ganzen Hauptwasserscheide der Halbinsel Italien). — 110) Rhätische Alpen (Inn-Po- und Inn-Etsch-Scheide). — 111) Norische Alpen und Bakony-Wald (östl. Fortsetzung der Rhätischen Alpen bis an die Donau). — 112) Carnische Alpen, Julische Alpen und Dinarische Alpen (in der Scheide zwischen der Donau und dem Adriatischen Meere der Reihe nach von N.W. nach S.O. bis zum 35. Merid., die Julischen Alpen auch in der Scheide zwischen Drau und Sau). — 113) Curenisches Gebirge und Argentara-Gebirge (südöstl. Fortsetzung der Dinarischen Alpen bis in die Gegend der Drino-Quellen). — 114) Hellenisches Gebirge (südöstl. Fortsetzung des Argentara-

Gebirges bis Kap Kolonna). — 115) Balkan oder Haemus (vom Argentara-Gebirge auslaufend ostwärts in der Wasserscheide zwischen der Donau und dem Aegeischen Meere, bis an die Küste des schwarzen Meeres). — 116) Gebirge von Wales (an der ganzen Küste der Cardigan-Bucht hinziehend). — 117) Cheviot- (l. Tscheviot) Gebirge (gleich N. vom 55. Par. die Insel England durchschneidend). — 118) Grampian-Gebirge (N. vom Cheviot und mit demselben parallel). — 119) Schottisches Hochgebirge (den nördlichsten Theil der Insel England einnehmend). — 120) Die Blauen Berge (im südöstlichen Theile von Neuholland).

II. Hochländer.

1) Hoch-Afrika (das ganze Hochland S. vom 15. Par.). — 2) Hoch-Sudan (ein Theil des vorigen, das Hochland zwischen dem Senegal, dem Niger und der zwischen den Mündungen beider liegenden Küste). — 3) Hochland der Berberei oder des Atlas (das Hochland im nördlichsten Theile Africas, geschnitten vom 30. und 35. Par., vom 10. bis 35. Merid.). — 4) Plateau von Barca (N. vom 30. Par., geschnitten vom 40. Merid.). — 5) Plateau von Anadoli (der innere Theil der Halbinsel Klein-Asien). — 6) Plateau von Armenien (das Hochland in der Gegend der Quellen des Euphrat, Tigris und Aras). — 7) Plateau von Iran oder das westliche Hoch-Asien (eingeschlossen vom Alburs, Paropamisus, Hindu-Kuh, Indo-Persischem, Südpersischem und Westpersischem Gebirge), wovon der westl. Theil Plateau von Persien, der östl. Plateau von Afghanistan genannt wird. — 8) Das östliche Hoch-Asien (das ganze Hochland zwischen dem 90. und 140. Merid., dem 30. und 50. Par.), dessen Theile a) Plateau der Mongolei (die östliche Hälfte des ganzen Hochlandes); b) Plateau der Dzungarei (der nordwestliche Theil des Hochlandes, das Land um den oberen Irtisch, Balkasch und Ili); c) Plateau der hohen Tartarei (die Mitte der westlichen Hälfte des Hochlandes, um das Wassersystem des Lop-Noor); d) Plateau von Tibet (der südl. Theil der westl. Hälfte des östl. Hoch-Asiens). — 9) Tafelland von Dekan (umschlossen von den West-Gats, den Ost-Gats und dem Vindya-Gebirge). — 10) Plateau von Arabien (der innere Theil der Halbinsel Arabien). — 11) Plateau von Walday

oder Alaunische Höhe (in der Umgegend der Wolga-, Lowat-, Düna- und Dnjepr-Quellen). — 12) Plateau von Siebenbürgen (um die Quellen der Theiß und Marosch). — 13) Plateau von Alt-Castilien und Plateau von Neu-Castilien (das erste die obere Hälfte des Duero-Gebietes, das letzte die obere Hälfte der Gebiete des Tajo und der Guadiana ausmachend; beide getrennt durch die Sierra Guadarama).

III. Berge und Berggipfel.

1) Tafelberg (in der unmittelbaren Nähe des Vorgebirges der guten Hoffnung). — 2) Kompaßberg (höchster Punkt der Schneeberge). — 3) Pic von Teneriffa (auf der Insel Teneriffa). — 4) Sinai und Horeb (auf der Halbinsel zwischen Acaba- und Suez-Busen). — 5) Der Argaeus (im Antitaurus). — 6) Elbrus und Kasbeck (Gipfel des Kaukasus). — 7) Ararat (auf dem Armenischen Tafellande). — 8) Demawend (auf der Südküste des Kaspischen Meeres im Albrus-Gebirge). — 9) Salomons-Thron (Tukte Soliman) (im Indo-Persischen Grenzgebirge). — 10) Adamsberg (höchster Punkt der Insel Ceylon). — 11) Dhawalagiri, Jawahir und viele andere (im Himalaja). — 12) Der Kiutschi und der Awatscha (zu den höchsten Punkten von Kamtschatka gehörig). — 13) Pawdinskoi-Kamen (im Ural-Gebirge). — 14) Der Snöhättan (im Dovrefjeld). — 15) Der Sulitjelma (im Kölen). — 16) Taberg (gleich am südlichen Ende des Wetter-Sees). — 17) Hekla und Oeröfa-Jökul (auf Island). — 18) Ben Naisch und Ben Newis (höchste Punkte des schottischen Hochgebirges). — 19) Ben Lawers (höchster Punkt der Grampians). — 20) Snowdon (im Wales-Gebirge). — 21) Pic Nethou, Mont Perdu (l. Mong Perdü) und Malabetta höchste Gipfel der Pyrenäen). — 22) Peñalara (in der Sierra Guadarama). — 23) Mulhacen (höchster Gipfel der Sierra Nevada). — 24) Mont Dore, Puy de Dome (l. Püy de Dom) und Plomb de Cantal (l. Plong de Cangtal), (höchste Punkte im Auvergne-Gebirge). — 25) Mont Dole und Chasseral (höchste Punkte des Jura). — 26) Mont Ventoux (l. Vangtu), Monte Viso, Mont Cenis (l. Sseni), Mont Iseran (Gipfel in den Seealpen, Cottischen Alpen und Grajischen Alpen). — 27) Montblanc (zwischen den Grajischen und den Penninischen Alpen). — 28)

Mont Rosa (in den Penninischen Alpen). — 29) Jungfrau, Finster-Aarhorn, Schreckhorn, St. Gotthart (Berge der Schweizer-Alpen). — 30) Ortlesspitze (in den Rhätischen Alpen). — 31) Dreyherrnspitz (zwischen den Rhätischen und Norischen Alpen). — 32) Großglockner (in den Norischen Alpen). — 33) Terglou (zwischen den Karnischen und Julischen Alpen). — 34) Taygetus (in der Halbinsel Morea). — 35) Gran Sasso d'Italia und Monte Velino (in den Apenninen). — 36) Vesuv (auf der Küste des Busens von Neapel, in dessen Mitte). — 37) Aetna (auf der Insel Sicilien, in deren nordöstlichem Theile). — 38) Gran Ventrou und Ballon de Sulz (Gipfel in den Vogesen). — 39) Feldberg, Belchen und Blauen (Gipfel im Schwarzwalde). — 40) Schafberg (in der rauhen Alp). — 41) Hochacht (Berg in der Eiffel). — 42) Großer Feldberg (im Taunus-Gebirge). — 43) Brocken oder Blocksberg (im Harz). — 44) Kreuzberg (im Rhöngebirge). — 45) Schneeberg und Ochsenkopf (im Fichtelgebirge). — 46) Schneekopf und Inselsberg (im Thüringer Walde). — 47) Keilberg, Fichtelberg und Auersberg (im Erzgebirge). — 48) Riesenkoppe (im Riesengebirge). — 49) Der Arber (im Böhmerwalde). — 50) Lomnitzer Spitze, Kriwan, Petrosch, Budos und Butecz (in den Karpathen).

Moment 2.

Merke der Gebirgszüge, Hochländer, Berge und Berg-Gipfel:

A. Namen.

I. Der Gebirge. — 1) Roggevelds-Gebirge. 2) Nieuwevelds-Gebirge, Schneeberge und Winterberge. 3) Beth-Gebirge. 4) Jura-Gebirge. 5) Lupata-Gebirge. 6) Abissinische Alpen. 7) Bischarye- und Neyey-Gebirge. 8) Schigre-Gebirge. 9) Mokattam-Gebirge. 10) Gherdoba-Berge. 11) Schwarzer und weißer Harudsch. 12) Hoher Atlas. 13) Kleiner Atlas. 14) Großer Atlas. 15) Kong-Gebirge. 16) Mondgebirge (Gebel al Kumri). 17) Guinea-Gebirge. 18) Libanon und Antilibanon. 19) Taurus. 20) Antitaurus. 21) Kaukasus. 22) Ural-Gebirge. 23) Kalmyck Tologoi. 24) Altai. 25) Russischer Altai. 26) Tangnu Ola. 27) Ergik-targak-taiga (zum Theil auch Sajanisches Gebirge genannt). 28) Khangai. 29) Gurbi-Gebirge. 30) Baikal-Gebirge. 31) Uden-dzong. 32) Kntai. 33) Jablonoi- und Stanowoi-Chrebet. 33) Tarbagatai. 35) Ala-Tau. 36) Muz-tagh mit Bogdo-Dola. 37) Ala-Tau. 38) Zung-ling. 39) Küen-lün. 40) Hindu Kuh. 41) Karakorum-Gebirge. 42) Gang-dis-ri. 43) Himalaja. 44) Gebirge der Hinterindischen Halbinsel. 45) Nanschan. 46) Inschan. 47) King-Khan. 48) Sifan. 49) Siweling. 50) Peling. 51) Kanling. 52) Schantung. 53) Tsüjün-Schan und Gebirge der Dinos. 54) Pepi-Schan. 55) Jainskisches Gebirge. 56) Garro- und Langtan-Gebirge. 57) Vindya- und Adschmir-Gebirge. 58) West-Gats und Ost-Gats. 59) Paropamisus. 60) Alburs. 61) Indo-Persisches Grenzgebirge (mit dem Tukte Solimon). 62) Südpersisches Gebirge. 63) Westpersisches Gebirge mit dem Zagros-Gebirge. 64) Sierra de Ronda, Sierra de Loja und Sierra Nevada. 65) Alpujarras. 66) Sierra Morena. 67) Sierra de Guadalupe und Montes de Toledo. 68) Sierra Estrella, Sierra de Gata, Sierra Guadarama und Somo-Sierra. 69) Asturisches und Cantabrisches Gebirge, Pyrenäen. 70) Sierra de Cazorla. 71) Sierra de Molina und Sierra de Albaracin. 72) Sierra de Oca. 73) Sevennen. 74) Côte d'Or. 75) Monts Faucilles (Sichelberge). 76) Jura. 77) Schweizer Alpen. 78) Algauer Alpen. 79) Schwarzwald. 80) Rauhe oder Schwäbische Alb (Alp). 81) Fränkischer Landrücken. 82) Fichtelgebirge. 83) Böhmerwald und Mährisches Gebirge. 84) Das Gesenke. 85) Die Karpathen. 86) Nordrussischer Landrücken (mit den Höhen von Wolkonsky und von Schemokonsky). 87) Auvergne-Gebirge. 88) Forel d'Orleans. 89) Côtes du Nord (mit dem Arée-Gebirge und den Montagnes Noires). 90) Eiffel und Hohe Veen. 91) Vogesen oder Wasgau-Gebirge. 92) Hardtgebirge, Hundsrück und Donnersberg. 93) Odenwald und Spessart. 94) Taunus, Vogelgebirge, Rhöngebirge, Frankenwald. 65) Siebengebirge und Westerwald. 96) Egge-Gebirge. 97) Thüringer Wald. 98) Harz. 99) Erzgebirge. 100) Riesengebirge und Sudeten. 101) Olonetz-Gebirge. 102) Maanselki oder Finnischer Landrücken. 103) Kölen oder Seve-ryggen. 104) Norrska Fjellen, Dovre-fjeld und Lange-fjeld. 105) Tiveden und Kolmården. 106) Kinne-Kulle. 107) Om-berg. 108) Penninische Alpen, Grajische Alpen, Cottische Alpen und Seealpen. 109) Apenninen. 110) Rhätische

Alpen. 111) Norische Alpen und Bakony=Wald. 112) Carnische Alpen, Julische Alpen und Dinarische Alpen. 113) Cureniſches Gebirge und Argentara=Gebirge. 114) Helleniſches Gebirge. 115) Balkan oder Hämus. 116) Gebirge von Wales. 117) Cheviot=Gebirge. 118) Grampian=Gebirge. 119) Schottiſches Hochgebirge. 120) Blaue Berge.

II. Der Hochländer. 1) Hoch=Africa. 2) Hoch=Sudan. 3) Hochland der Berberei oder des Atlas. 4) Plateau von Barca. 5) Plateau von Anadoli. 6) Plateau von Armenien. 7) Plateau von Iran oder das weſtliche Hoch=Aſien (deſſen Theile: a) Plateau von Perſien, b) Plateau von Afghaniſtan). 8) Das öſtliche Hoch=Aſien, deſſen Theile: a) Plateau der Mongolei; b) Plateau der Dzungarei; c) Plateau der hohen Tartarei; d) Plateau von Tibet. 9) Plateau von Decan. 10) Plateau von Arabien. 11) Plateau von Waldai (Alauniſche Höhe). 12) Plateau von Siebenbürgen. 13) Plateau von Alt=Caſtilien und Plateau von Neu=Caſtilien.

III. Der Berge und Berggipfel. — 1) Tafelberg. 2) Kompaßberg. 3) Pic von Teneriffa. 4) Sinai. 5) Argäus. 6) Elbrus und Kasbeck. 7) Ararat. 8) Demawend. 9) Salomons Thron. 10) Adamsberg. 21) Dhawalagiri und Jawahir. 12) Kiutſchi und Awatſcha. 13) Pawdinskoi=Kamen. 14) Snöhättan. 15) Sulitjelma. 16) Taberg. 17) Hekla und Deróſa=Jökul. 18) Ben Waiſh und Ben Newis. 19) Ben Lawers. 20) Snowdon. 21) Pic Nethou, Mont Perdu und Maladetta. 22) Peñalara. 23) Mulhacen. 24) Mont Dore, Puy de Dome und Plomb de Cantal. 25) Mont Dole und Chaſſeral. 26) Mont Ventoux, Monte Viſo, Mont Cenis, Mont Iſéran. 27) Montblanc. 28) Mont Roſa. 29) Jungfrau, Finſter=Aarhorn, Schreckhorn, St. Gotthart. 30) Ortlesſpitze. 31) Dreyherrnſpitz. 32) Großglockner. 33) Terglou. 34) Taygetus. 35) Gran Saſſo d'Italia und Monte Velino. 36) Veſuv. 37) Aetna. 38) Gran Ventrou und Ballon de Sulz. 39) Feldberg, Belchen und Blauen. 40) Schafberg. 41) Hochacht. 42) Großer Feldberg. 43) Brokken oder Blocksberg. 44) Kreuzberg. 45) Schneeberg und Ochſenkopf. 46) Schneekopf und Inſelsberg. 47) Keilberg, Fichtelberg und Auersberg. 48) Rieſenkoppe. 49) Arber. 50) Lomnitzer Spitze, Kriwan, Petroſch, Budos und Butecz.

B. Lage.

z. B. daß das Roggewelds-Gebirge in der Sack-Elephantenfluß-Scheide, Nieuwevelds-Gebirge, Schneeberge und Winterberge in der Hauptwasserscheide zwischen Roggevelds-Gebirge und der Quelle des Nu-Garieb liegen u. s. w.; ferner daß der Kompaßberg in den Schneebergen, der Argäus im Antitaurus liegen u. s. w. *).

*) Konstruire aus dem Gedächtniß.

§. 2.

Oberflächenbeschreibung des westlichen Festlandes und der Inseln der westlichen Halbkugel.

Erstes Stück.

Moment 1.

Bestimme — um des westlichen Festlandes Oberflächen-Konstruktion zu bilden — folgende Flüsse und Landseen:

1). Port-Desiré-Fluß (Mündung gleich S. von der St. Georgs-Bay; Quelle und Lauf noch ziemlich unbekannt). — 2) Camerones-Fluß (Mündung gleich N. vom 45. Par.; Quelle ungefähr zwischen dem 40. und 45. Par., O. vom 305. Merid.). — 3) Der Sicu-Leuwu (Mündung in der Bay von St. Antonio; Quellen N. vom 40. Par., O. vom 305. Merid.). — 4) Der Cusu-Leuwu oder Rio Negro (Mündung gleich N. von der Bay von St. Antonio, gleich W. vom 315. Merid.; Quellen muthmaßlich S. vom 35. Par., zwischen dem 305. und 310. Merid.). — 5) Der Rio Colorado (Mündung gleich N. vom 40. Par., gleich O. vom 315. Merid.; Quellen unbestimmt, oder nach der Jahreszeit wechselnd, in der nassen Jahreszeit aus dem Bebedero-See, gleich N. vom 35. Par., O. vom 310. Merid. kommend). — 6) Gewässer, geschnitten vom 30. und 35. Par., O. und W. vom 310. Meridian (deren gemeinschaftlicher Abfluß der Colorado zu sein scheint), bestehend aus: a) den Seen von Guanacache (l. Guanacatsche) gleich O. und W. vom 310. Merid.; b) dem Rio de Mendoza und dem Rio de St. Juan (von denen der erste von S., der andere von N. in den westlichsten der beiden Seen einfließt); c) dem Bebedero-See; d) dem Desaguadero (welcher aus den Seen von Guanacache in den Bebedero fließt). — 7) Der Rio Salado, d. i. gesalzene Fluß (Ausfluß in der Westküste des Platabusens; Quelle unbestimmt, zwischen dem 30. und 35. Par., entweder O. oder W. vom 315. Merid.). — 8) Der Rio de la Plata, d. i. Silberstrom (Mündung bekannt, entstehend durch die Vereinigung des Parananá und Uruguay). — 9) Der Paraná (Zusammenfluß mit dem Uruguay N. vom 35. Par., gleich W. vom 320. Merid.; Quelle zwischen dem 20. Par. und dem südl. Wendekreise, zwischen dem 130. und 135. Merid.), zu dessen theils unmittelbaren theils mittelbaren Zuflüssen gehören: a) der Paraguay (Einfluß rechts, mitten zwischen dem 25. und 30. Par., gleich W. vom 320. Merid.); b) der Rio Vermejo oder Rio Grande (Einfluß in den Paraguay rechts, gleich über des letztern Einfluß in den Paraná; Quelle mitten zwischen dem 20. Par. und dem südl. Wendekreise, zwischen dem 310. und 315. Merid.); c) der Pilcomayo (Einfluß in den Paraguay rechts, gleich S. vom 25. Par.; Quelle S. vom 20. Par., zwischen dem 305. und 310. Merid.); d) der Cuyaba (Einfluß in den Paraguay links, zwischen dem 15. und 20. Par.); e) der Tacoari (Einfluß in den Paraguay links, gleich unter dem Cuyaba); f) der Iguazu (Einfluß in den Paraná links, S. vom 25. Par.); g) der Paranapanema (Einfluß in den Parana links, zwischen dem 20. Merid. und dem südl. Wendekreise); h) der Tiete (Einfluß in den Parana links, S. vom 20. Par.); i) der Paranahyba (Einfluß in den Parana rechts, im 20. Par., O. vom 325. Merid.). — 10) Der Uruguay (Zusammenfluß mit dem Paraná bekannt; Quelle zwischen dem 25. und 30. Par., zwischen dem 325. und 330. Merid.); zu dessen Nebenflüssen gehört: der Rio Negro (Einfl. links, nicht weit über dem Ausflusse des Uruguay; Quelle S. vom 30. Par., W. vom 325. Merid.) — 11) Der Rio Dulce und der Rio Salado (zwei Steppenflüsse, der erstere endigend in den Porongos-Seen, quellend S. vom 25. Par., W. vom 310. Merid., der andere ungewiß entweder sich mit dem andern verbindend*), oder für sich nördlich von den Porongos-Seen endigend, oder zum Theil dieß, zum Theil in den Paraná gehend,

*) Wie es auf der beigegebenen Karte dargestellt ist.

quellend gleich N. von der Quelle des ersteren). — 12) Der Patos=See (ganz nahe an der Küste gleich S. vom 30. Par., O. vom 325. Merid.; Ausfluß durch den ganz kurzen Rio grande de St. Pedro). — 13) Der Merim=See (gleich S.W. vom Patos=See, und in diesen ausfließend). — 14) Der Yacui (Ausfluß in den Patos=See, auf dessen Nordwestseite; Quelle mitten zwischen dem 25. und 30. Par., O. vom 325. Merid.). — 15) Der Parahyba (Ausfluß mitten zwischen dem 20. Par. und dem südlichen Wendekreise, O. vom 335. Merid.; Quelle ganz nahe der Küste, N. vom südl. Wendekreise, zwischen dem 330. und 335. Merid.). — 16) Der Rio St. Franzisco (Ausfluß S. vom 10. Par., O. vom 340. Merid.; Quelle ungefähr im 20. Par., W. vom 335. Merid.). — 17) Der Parnaiba (Ausfluß zwischen dem Aequator und dem 5. Par., O. vom 335. Merid.; Quelle gleich S. vom 10. Par., mitten zwischen dem 330. und 335. Merid.). — 18) Der Tocantins oder Grão (l. Graung) Pará (Mündung bekannt; Quelle S. vom 15. Par., gleich O. vom 330. Merid.), dessen Nebenfluß der Araguaya (Einfluß in den Tocantins links, gleich S. vom 5. Par.; Quelle N. vom 20. Par., zwischen dem 325. und 330. Merid.). — 19) Der Amazonenstrom (Mündung bekannt; Quelle im 10. Par., O. vom 300. Merid.), unter dessen Zuflüssen: a) der Xingu (l. Schingu), (Einfluß in den Amazonenstrom rechts, gleich O. vom 325. Merid.; Quelle S. vom 15. Par., W. vom 325. Merid.); b) der Tapajoz (l. Tapaschos) (Einfluß rechts, mitten zwischen dem 320. und 325. Merid.; Quelle gleich N. von der Quelle des Paraguay); c) der Madeira (Einfluß rechts, W. vom 320. Merid.; Entstehung durch den Zusammenfluß des Marmoré und Guaporé, O. vom 310. Merid., mitten zwischen dem 10. und 15. Par.); d) Mamoré (Quelle mitten zwischen dem 15. und 20. Par., O. vom 310. Merid.); e) Guaporé (Quelle N. vom 15. Par., W. vom 320. Merid.); f) Guapay (Einfluß in den Mamoré rechts, etwas N. vom 15. Par., Quelle N. vom 20. Par., gleich W. vom 310. Merid.); g) der Ucayali (Einfluß in den Amazonenstrom W. vom 305. Merid.; Entstehung durch die Vereinigung des Apurimac und des Beni, S. vom 10. Par., ungefähr im 305. Merid.); h) Apurimac (Quelle S. vom 15. Par., O. vom 305. Merid.); i) Beni (Quelle noch ungewiß, möglicherweise aber N. vom 20. Par., W. vom 310. Merid.); k) der

Huallaga (Einfluß in den Amazonenstrom rechts, O. vom 300. Merid.; Quelle ungefähr im 10. Par., O. vom 300. Merid.); l) der Pastaza (l. Pastasa), (Einfluß links, gleich über dem Einfluß des Huallaga; Quelle S. vom Aequator, W. vom 300. Merid.); m) der Napo (Einfluß links, O. vom 305. Merid.; Quelle ungefähr im Aequator und dem 300. Merid.); n) der Ica Parana, welcher in seinem obersten Theile Putumayo heißt (Einfluß links, gleich W. vom 310. Merid.; Quelle N. vom Aequator, etwas O. vom 300. Merid.); o) der Caqueta (l. Caketa), (Einfluß links, Hauptmündung W. vom 315. Merid.; Quelle zwischen dem Aequator und dem 5. Par. n. Br., W. vom 305. Merid.); p) der Rio Negro (Einfluß links, mitten zwischen dem 315. und 320. Merid.; Quelle mitten zwischen dem Aequator und dem 5. Par. n. Br., W. vom 305. Merid.); q) der Rio Branco (Einfluß in den Rio Negro links, gleich O. vom 315. Merid.; Quelle zwischen dem Aequator und 5. Par. n. Br., ungefähr im 315. Merid.). — 20) Der Maroni, der Surinam und der Essequebo (die drei größten unter den Küstenflüssen zwischen Kap Orange und der Orinoco-Mündung der Reihe nach vom ersteren nach letzterer). — 21) Der Orinoco (Mündungen bekannt; Quelle muthmaßlich gleich N. vom 5. Par. n. Br., zwischen dem 310. und 315. Merid.), unter dessen Zuflüssen: a) der Casiquiari, welcher eine natürliche Flußverbindung mit dem Rio Negro und also zwischen dem Orinoco und Amazonenstrom bildet (Mündung links, S. vom 5. Par., O. vom 310. Merid.); b) der Guaviari (Mündung links, S. vom 5. Par., gleich W. vom 310. Merid.); c) der Meta (Mündung links, N. vom 5. Par., beinahe im 310. Merid.); d) der Arauca und der Apuré (Mündung beider links, nahe an einander, O. vom 310. Merid., die des ersten die südlichere); e) der Ventuari (Mündung rechts, gleich O. vom 310., S. vom 5. Par.); f) der Caroni (Mündung gleich W. vom 315. Merid.; Quelle gleich N. vom 5. Par., zwischen dem 315. und 320. Merid.). — 22) Der Magdalenenstrom (Mündung N. vom 10. Par., zwischen dem 300. und 305. Merid.; Quelle zwischen dem Aequator und dem 5. Par., O. vom 300. Merid.; gleich O. von der Quelle seines linken Nebenflusses, des Cauca). — 23) See von Maracaybo (gleich S. vom Busen von Maracaybo, mit diesem zusammenhängend). — 24) See von Nicaragua (N. vom 10. P., zwischen dem 290. u. 295. M.)

mit dem Rio de S. Juan (Ausfl. aus dem Nicaragua-See in den Papagayo-Busen). — 25) Der Rio del Norte (Mündung N. vom 25. Par., im 280. Merid.; Quelle N. vom 40. Par., gleich W. vom 270. Merid.), unter dessen Zuflüssen: a) der Conchos (Mündung rechts, gleich N. vom 30. Par., W. vom 275. Merid.); b) der Salado (Mündung links, gleich O. vom 275. Merid.). — 26) Der Missisippi (Mündungen gleich S. vom 30. Par., zwischen dem 285. und 290. Merid.; Quellen zwischen dem 45. und 50. Par., dem 280. und 285. Merid.), unter dessen Zuflüssen: a) der Rothe Fluß (Rio Roxo), (Einfluß rechts, N. vom 30. Par., O. vom 285. Merid.); b) der Arkansas (Einfluß rechts, zwischen dem 30. und 35. Par.); c) der Missouri (l. Missuri), (Einfluß rechts, S. vom 40. Par.; Quellen N., zum Theil auch S. vom 45. Par., zwischen dem 265. und 270. Merid.); d) der gelbe Stein-Fluß (yellow Stone River), (Einfluß in den Missouri rechts, gleich W. vom 275. Merid.; Quellen in einem kleinen See, zwischen dem 40. und 45. Par., gleich W. vom 270. Merid.); e) der Quicourt (l. Kicur) oder Running Water (Einfl. in den Missouri rechts, gleich W. vom 280. Merid.); f) der Platte (Einfl. in den Missouri rechts, gleich N. vom 40. Par.); g) der Illinois (l. Illinoa) (Einfluß in den Missisippi links, mitten zwischen dem 285. und 290. Merid.); h) der Ohio (l. Oheio), (Einfluß in den Missisippi links, mitten zwischen dem 35. und 40. Par., Quellen N. vom 40. Par., zwischen dem 295. und 300. Merid.); i) der Tennesee (l. Tennesi), Einfluß in den Ohio links, gleich über dessen Mündung); k) der Wabash (l. Uabäsch), (Einfluß in den Ohio rechts, gleich W. vom 290. Merid.). — 27) Der Alabama (Mündung in den Mexicanischen Meerbusen zwischen den Missisippi-Mündungen und dem 290. Merid.). — 26) Der Potomak, Susquehanna, Connecticut und St. John (Mündung des ersten in der Chesapeak-Bay, die der andern der Reihe nach zwischen dieser und der Fundy-Bay). — 29) Der Obere See, der Michigan- (l. Mitschigán) See und Huron-See (drei verbundene Seen, von denen der erste der nördliche, der zweite der südwestliche, der dritte der südöstliche, gemeinschaftlich geschnitten vom 290. und 295. Merid., und vom 45. Par.). — 30) Der Erie-See (S. vom Huron-See). — 31) Der Detroit-Fluß (aus dem Huron-See in den Erie-See fließend). — 32) Der Ontario-See (N.O. vom Erie-

See, geschnitten vom 300. Merid.). — 33) Der Niagara (Ausfluß des Erie-Sees in den Ontario-See). — 34) Der St. Lorenz-Strom (Ausfluß aus dem Ontario-See; Mündung bekannt); unter dessen Nebenflüssen der Utawas (Einfluß N. vom 45. Par., gleich W. vom 305. Merid.). — 35) Der große Wallfischfluß (Mündung in die Hudsons-bei, N. vom 55. Par., im 300. Merid.). — 36) Ost-Main (l. Män) und Mistissinny (Mündungen in der Südostküste der James-Bay, scheinen beide aus dem Mistissinny-See zu kommen, welcher N. vom 50. Par., zwischen dem 305. und 310. Merid.). — 37) Der Abbitibbe (Mündung im südöstlichsten Punkte der James-Bay, Entstehung im Abbitibbe-See, S. vom 50. Par., W. vom 300. Merid.). — 38) Der große und der kleine Winnipeg-See (der erste tangirt der andere geschnitten vom 280. Merid., beide N. vom 50. Par.). — 39) Der Nelson-Fluß (Mündung in der Fort-York-Bay; Entstehung in der Gegend des 280. Par., theils aus dem großen Winnipeg-See, theils aus anderen Gewässern N. von letztem). — 40) Der Saskatschawan (mit dem Winnipeg-See und Nelson-Fluß in Verbindung, entstehend durch die Vereinigung des südl. und nördl. Saskatschawan, W. vom 275. Merid.; Quellen beider O. und W. vom 265. Merid., S. und N. vom 50., bis S. vom 55. Par.). — 41) Der Deer- (l. Dihr) See (d. i. Hirsch-See) und Wollaston-See (der erste O., der zweite geschnitten vom 275. Merid., beide zwischen dem 55. und 60. Par., und mit einander in Verbindung). — 42) Der Missinnipi (Quellen im 55. Par., O. vom 265. Merid.; mündend theils in den Saskatschawan, links, theils wahrscheinlich auch (†) in den Deer-See). — 43) Der untere und der obere rothe Fluß, letzter auch Assiniboine genannt (beide von S. her in die beiden Winnipeg-Seen fallend). — 44) Der große Sklavensee (geschnitten vom 265. Merid., N. vom 60. Par.). — 45) Der Mackenzie-Fluß (Mündung S. vom 70. Par., ungefähr im 240. Merid.; kommt aus dem Sklaven-See). — 46) Der Athapescow-See (geschnitten vom 270. Merid., S. vom 60. Par.). — 47) Der Sklavenfluß (aus dem Athapescow-See in den Sklaven-See fließend). — 48) Der Stone- (d. i. Stein) Fluß (aus dem Wollaston-See in den Athapescow-See). — 49) Der Friedensfluß oder Unschiga (Einfluß in den Sklavenfluß, bald unterhalb seines Ausflusses in den Athapescow-See; Quelle N. vom 55. Par., im 255. Merid.). — 50) Athapescow-Fluß oder Elk (Einfluß in das südwestliche Ende des Athapescow-Sees; Entstehung im kleinen Sklavensee, N. vom 55. Par., zwischen dem 260. und 265. Merid.). — 51) Der große Bärensee (etwas geschnitten vom 65. Par., dem nördl. Polarkreise, dem 260. Merid. und tangirt vom 255. Merid.), verbunden mit dem Mackenzie-Flusse. — 52) Der Tacoutsche-Tesse oder Fraser-Fluß (Mündung ungefähr im 50. Par. und 255. Merid.; Quellen in der Gegend des 55. Par., W. vom 255. Merid.). — 53) Der Columbia-Fluß oder Oregan (Mündung N. vom 45. Par., W. vom 255. Merid.; Quelle im 50. Par., O. vom 260. Merid.); unter dessen Zuflüssen: a) der Septin oder Lewis (l. Luis), (Einfluß links, N. vom 45. Par., W. vom 260. Merid.); b) der Flathead (l. Fläthed) oder Clarke (l. Clärk), und der Flatbow (l. Flätboh), (Einfluß beider links, S. vom 50. Par., gleich W. vom 260. Merid.; der erste der südlichere). — 54) Der Sagramento-Fluß oder Timpanagos und der Carmelo oder Buenaventura (beide, so wie mehrere andere, zwischen dem Columbia-Flusse und dem Busen von Californien). — 55) Der Colorado (Mündung in der nördlichsten Spitze des Busens von Californien; Quellen zwischen dem 35. und 40. Par., W. vom 270. Merid.). — 56) Der Rio Grande oder St. Jago (Mündung zwischen dem 20. Par. und dem nördl. Wendekreise, zwischen dem 270. und 275. Merid.; Quelle S. vom 20. Par., zwischen dem 275. und 280. Merid.). — 57) Der Titicaca-See oder See von Chucuito (S. vom 15. Par., zwischen dem 305. und 310. Merid.). — 58) Der Desaguadero (Ausfluß aus dem S. Ende des Titicaca-Sees, Steppenfluß, welcher in dem kleinen See von Paria N. vom 20. Par., W. vom 310. Merid. endet).

Moment 2.

Merke der Gewässer:

A. Namen.

1) Port-Desiré-Fluß. 2) Camarones. 3) Sicu-Leuwu. 4) Cusu-Leuwu oder Rio Negro. 5) Rio Colorado. 6) Gewässer geschnitten vom 30. und 35. Par., O. und W. vom 310. Merid., bestehend aus: a) den Seen von Guanacache; b) dem

Rio de Mendoza und dem Rio de St. Juan; c) dem Bebedero-See; d) dem Desaguadero. 7) Rio Salado. 8) Rio de la Plata. 9) Paraná mit: a) Paraguay; b) Vermejo oder Rio Grande; c) Pilcomayo; d) Cuyaba; e) Tacoari; f) Iguazu; g) Paranapanema; h) Tiete; i) Parahyba. 10) Uruguay mit dem Rio Negro. 11) Rio Dulce und Rio Salado mit den Porongos-Seen. 12) Patos-See mit dem Rio grande de S. Pedro. 13) Merim-See. 14) Yacui (Jacui l. Schacui). 15) Parahyba. 16) Rio S. Francisco. 17) Parnaïba. 18) Tocantins oder Grão Pará, mit dem Araguaya. 19) Amazonenstrom, mit: a) Xingu; b) Tapajoz; c) Madeira; d) Mamoré; e) Guaporé; f) Guapay; g) Ucayali; h) Apurimac; i) Beni; k) Huallaga (Guallaga); l) Pastaza; m) Napo; n) Ica Parana, im obersten Theile seines Laufes Putumayo genannt; o) Caqueta; p) Rio Negro; q) Rio Branco. 20) Maroni, Surinam und Essequebo. 21) Orinoco, mit: a) Casiquiari; b) Guaviari; c) Meta; d) Arauca und Apure; e) Ventuari; f) Caroni. 22) Magdalenenstrom mit Cauca. 23) See von Maracaybo. 24) See von Nicaragua mit Rio de S. Juan. 25) Rio del Norte mit: a) Conchos; b) Salado. 26) Missisippi mit: a) Rother Fluß; b) Arkansas; c) Missouri; d) Gelber Steinfluß; e) Quicourt (Running Water); f) Platte; g) Illinois; h) Ohio; i) Tennesee; k) der Wabash. 27) Alabama. 28) Potomak, Susquehanna, Connecticut und St. John. 29) Oberer See, Michigan-See und Huron-See. 30) Erie-See. 31) Detroit-Fluß. 32) Ontorio-See. 33) Niagara. 34) St. Laurenz-Strom mit dem Utawas. 35) Der große Wallfischfluß. 36) Ost-Main und Mistisinny mit dem Mistisinny-See. 37) Abbitibbe mit Abbitibbe-See. 38) Der große und der kleine Winnipeg-See. 39) Nelson-Fluß. 40) Saskatschawan. 41) Deer-See und Wollaston-See. 42) Missinnipi. 43) Unterer und oberer rother Fluß (Assiniboine). 44) Großer Sklavensee. 45) Mackenzie-Fluß. 46) Der Athapescow-See. 47) Der Sklavenfluß. 48) Steinfluß (Stone river). 49) Friedensfluß (Unschiga). 50) Athapescow-Fluß mit dem kleinen Sklavensee. 51) Großer Bärensee. 52) Tacoutche-Tesse (Fraser-Fluß). 53) Columbia-Fluß (Oregan), mit: a) Saptin (Lewis); b) Flathead (Clarke) und Flatbow. 54) Sacramento-Fluß (Timpanagos) und Carmelo (Buenaventura). 55) Colorado. 56) Rio Grande de St. Jago. 57) Titicaca-See. 58) Desaguadero mit Paria-See

B. Lage.

1. Unbestimmte. Z. B. daß der Port=Desiré=Fluß gleich S. vom St. Georgsbusen ausfließt, ferner daß derselbe von der Mündung nach W., der Camerones=Fluß von der Mündung nach W.N.W. gezogen werden u. s. w. *).

2. Bestimmte. Z. B. daß die Mündung des Camerones=Flusses gleich N. vom 45. Par., dessen Quelle zwischen dem 40. und 45. Par., O. vom 305. Merid. u. s. w. *).

---

*) Konstruire aus dem Gedächtniß.

Zusatz. — 1) Der Parahyba, Doce und Belmonte [Küstenflüsse zwischen Kap Frio und der Allerheiligenbay]. — 2) Der Itapicuru [Mündung N.O. von der Allerheiligenbay]. — 3) Der Jaguaribe [Mündung N.W. vom Kap St. Roque, im 340. Merid.] — 4) Der Itapicuru und der Mearim [Mündung beider in der Bay von Maranham, der erste der östliche]. — 5) Der Yavari, Jutay (l. Schutay), Jurua (l. Schurua), Coary und Purus [rechte Nebenflüsse des Amazonenstromes, der Reihe nach zwischen dem Ucayali und dem Madeira]. — 6) Der Darien del Norte [Mündung bekannt]. — 7) Der Rio de Segovia und der Herbias [Mündung in der Westküste der Bay von Guatimala, der erste der südliche von beiden]. — 8) Der Ulua und der Motagua [Mündung in der Südküste der Honduras=Bay, der erste der östliche]. — 9) Chumpa oder Sama, S. Pedro, Tabasco und Huasacualco [Mündung in der Südküste des Mexicanischen Meerbusens, der Reihe nach zwischen der Halbinsel Yucatan und der Bay von Vera Cruz]. — 9) Tula oder Montecuenca und Rio de Santander [Mündung in der Westküste des Mexicanischen Meerbusens, zwischen dem 20. u. 25. Par.]. — 10) Apalachicola (l. Apalatschicola) oder Chattahootchee (l. Tschattahutschi), [Mündung in der Nordküste des Mexicanischen Busens, gleich W. von der Halbinsel Florida]. — 11) Der Huaqui, der Durango, der Rio grande de Santiago, der Zacatula, Naspa und Rio verde [Mündungen an der Westküste Nordamericas, der Reihe nach zwischen dem Colorado und dem Busen von Tehuantepec]. — 12) † Der Rio de Esmeraldos (d. i. Smaragdfluß), [Mündung gleich N. vom Aequator, W. vom 300. Merid.]. — 13) Der Fluß von Guayaquil [Mündung im Busen von Guayaquil]. — 14) Der Santa [Mündung N. vom 10. Par. s. Br., W. vom 300. Merid.]. — 15) Coquimbo (l. Cokimbo), Limari, Chuapa (l. Tschuapa), Quillota, Mapocho (l. Mapotscho), Maulé, Biobio, Cauten, Tolten und andere kleine Flüsse der

Westküste Südamericas, Mündung der Reihe nach zwischen dem 30. und 40., der erste gleich N. vom 30. Par.].

Zweites Stück.

Moment 1.

Bestimme folgende Wasserscheiden des westlichen Festlandes:

I. Hauptwasserscheide, welche vom Kap Froward sich erstreckt.

A) In ihrer Hauptrichtung, S.S.O. und N.N.W. bis Prinz Wales Kap (scheidend sämmtliche dem Atlantischen Oceane und dem nördlichen Eismeere zuströmende Gewässer von den kleinen Flüssen, welche sich in den großen Ocean ergießen).

B) In ihren Nebenrichtungen. 1) N. und S. vom Kap Froward bis zum Busen von Arica (scheidend die Gebiete des Port=Desiré=Flusses, Camerones, Rio Negro, Colorado, Salado einiger Steppengewässer und des Plata=Stromes von denen des des Coquimbo, Limari, Chuapa, Quillota, Mapocho, Maulé, Biobio, Cauten, Tolten und anderer kleiner Flüsse der Westküste). — 2) Nach N.W., vom Busen von Arica bis zur Parina=Spitze (scheidend den südlichen Theil vom oberen Gebiete des Amazonenstromes von dem stillen Meere). — 3) Nach N.N.O., von der Parina=Spitze bis zwischen die Mündung des Darien del Sur und des Darien de Norte (scheidend den nördlichen Theil des oberen Gebietes des Amazonenstromes und die Gebiete des Magdalenenstromes und des Darien del Norte von dem Rio de Esmeraldas und vielen andern kleinen Zuflüssen des stillen Meeres). — 4) Nach N.W., von den Mündungen der beiden Darien bis zwischen die Quellen des Zacatula, Rio grande de Santiago und des Tula oder Maontecuenca (scheidend die Gebiete des Nicaragua=Sees, der Segovia, des Herbias, Ulua, Montagua, Chumpa, S. Pedro, Tabasco und Huasacualco vom stillen Meere und den Gebieten des Rio verde und Naspa). — 5) Nach N.N.W. und N.W., von den Quellen des Rio Grande de Santiago u. s. w. bis zum Prinz Wales Kap (scheidend die Gebiete des Rio grande del Norte, Missisippi, Saskatschawan und Makkenzie=Flusses, von denen des Colorado, Carmelo, Timpanagos, Columbia=Flusses, Tacoutche=Tesse und anderer).

II. Nebenwasserscheiden.

A) Südliche südamericanische Querscheide, im Allgemeinen W.S.W. und O.N.O., von der Hauptscheide im 20. Par. ausgehend, bis in die Gegend zwischen Kap Consolation und Kap San Roque (scheidend die Gebiete des Platastromes und des Francisco von denen des Amazonenstromes, Tocantins und Parnaïba); nämlich: 1) Nach O. bis O. vom 315. Merid. (scheidend das Gebiet des Pilcomayo von dem des Mamoré). — 2) Nach N.O. bis zwischen dem 320. und 325. Merid., dem 10. und 15. Par. (scheidend das Gebiet des oberen Paraguay und des Cuyabá von dem des Tapajoz). — 3) Nach S.O. bis O. vom 325. Merid. (scheidend die linken Zuflüsse des obern Paraguay vom Xingu und Araguaya). — 4) Nach N.O. bis an die Küste (scheidend den oberen Parana vom Araguaya und den Francisco vom oberen Tocantins und vom Parnaïba).

B) Nördliche (unvollkommene) südamericanische Querscheide; von W. nach O., etwas N. vom Aequator, von der Hauptscheide bis Kap Orange (scheidend die oberen nördlichen Zuflüsse des Amazonenstromes vom Magdalenenstrome, und unvollständig (vom Casiquiari unterbrochen) das ganze Gebiet des Amazonenstromes von dem des Orinoco).

C) Nordamericanische Querscheide; von der Hauptscheide in der Gegend der Missouri-Quellen nach O., O.S.O. und O.N.O. bis zum östlichsten Punkte der Halbinsel Neu-Schottland (scheidend den Missouri vom Saskatschawan, den Missouri und den Missisippi vom oberen und unteren rothen Flusse und den beiden Winnepeg-Seen, den Missisippi und Ohio vom Gebiete des Oberen-Sees, Huron-Sees, Michigan-Sees und Erie-Sees, und die Gebiete des Potomak, Susquehanna, Delaware, Connecticut und St. John von dem des Erie-Sees, Ontario-Sees, St. Lorenz-Stromes und vom St. Lorenz-Busen).

Moment 2.

Merke der Wasserscheiden:

A. Richtungen. Z. B. daß vom Kap Froward die Nebenrichtungen der Hauptwasserscheide gehen: 1) nach N. bis zum Busen von Arica; 2) N.W. bis zur Parinaspitze u. s. w. *).

---

*) Konstruire aus dem Gedächtniß.

B) Lage in Bezug auf die Gewässer, z. B. daß vom Kap Froward an die 1ste Strecke der Hauptwasserscheide trennt die Gebiete des Port = Disiré = Flusses, Camerones, Rio Negro, Colorado, Salado, einiger Steppengewässer und des Plastromes von denen des Coquimbo, Limari, Chuapa, Quillota, Mapocho, Maulé, Biobio, Cauten, Tolten und anderer kleiner Flüsse der Westküste u. s. w. *).

*) Konstruire aus dem Gedächtniß.

Drittes Stück.

Moment 1.

Bestimme folgende Gebirge, Hochländer und Berggipfel des westlichen Festlandes.

I. Gebirge.

1) Cordillera (l. Cordiljera) de los Andes, d. i. Gebirgszug der Anden (von Kap Froward bis zur Landenge von Panama in der Hauptscheide). — 2) Fortsetzung der Cordillera, unter verschiedenen Localnamen, jenseit der Landenge von Panama in der Hauptscheide fort bis zur Landenge von Tehuantepec; zwischen dem Busen von Tehuantepec und dem Rio Tabasco heißt sie Sierra de Escomienda. — 3) Sierra Madre (in der Hauptscheide zwischen der Gegend etwas S. vom nördl. Wendekreise und dem 30. Par.). — 4) Sierra de Carcay, Sierra de Acha (l. Atscha), Sierra de Mogollo (l. Mogoljo), Sierra de las Grullas, und andere Namen (der Reihe nach in der Hauptscheide fort vom 30. bis zum 40. Par.), endigend nordwestwärts in der Sierra Verde (im obersten Theile der Saptin = Buenaventura = Scheide). — 5) Das Felsen = Gebirge Rocky Mountains (l. Mauntäns), (in der Hauptscheide fort von den Quellen des Rio del Norte bis nördlich über die des Friedensflusses hinaus). — 6) Brasilianisches Gebirge (in und neben der südlichen südamericanischen Querscheide und in den dieser untergeordneten Nebenscheiden, vom Madeira = Flusse und Paraguay ostwärts bis an die Küste), dessen Theile vielerlei Namen führen. Dazu gehört: a) die Sierra do Mar, welche sich fast an der ganzen Küste

vom Kap Roque bis an den Patos-See fortzieht); b) S. de Itambo (Francisco-Doce-Scheide); c) S. Branca (Francisco-Belmonte-Scheide); d) S. Chapada (l. Schapada), (zwischen dem unteren Theile des Francisco und der Küste S. von seiner Mündung); e) S. Marcella, S. dos Christãos (l. Christaungs), S. de Araras, S. de Tabatinga (in der Francisco-Paraná- und der Francisco-Tocantins-Scheide, der Reihe nach nordwärts); f) S. Gurgea (l. Gurschea), S. de Piauhy, S. dos Irmãos (l. Irmaungs) und S. Vermelha (l. Vermelja), (in der Francisco-Parnahyba-Scheide); g) Montes Pyreneos (Tocantins-Paraná-Scheide); h) Cordilheira (l. Cordiljeïra) grande (Tocantins-Araguaya-Scheide); i) S. de Santa Marta (Araguaya-Paraná-Scheide); k) S. dos Parexis (l. Pareschis), (Tapajoz-Paraguay-Scheide). — 7) Guyana-Gebirge (zwischen dem Orinoco, dem Amazonenstrome, der zwischen den Mündungen beider gelegenen Küste, und dem Rio Negro und Cassiquiari) in mehreren verschieden benannten Zügen und Zweigen. — 8) Der nordöstlichste Zweig der Cordillera der Anden (Scheide zwischen dem Magdalenenstrom und der Laguna de Maracaybo einerseits, und dem Orinoco andernseits). — 9) Sierra Nevada de Santa Marta (an der Küste zwischen dem Busen von Maracaybo und der Mündung des Magdalenenstromes). — 10) Nordamericanische Seealpen (von der Südspitze von Californien bis über den 60. Par. hinaus, immer der Küste entlang). — 11) Schneegebirge und Spanische Berge (in der Rio del Norte-Missisippi-Scheide), zu den letzten gehören die Sierra Obscura, Sierra del Sacramento u. s. w. — 12) Sierra de Texas (l. Techas) und Osark-Gebirg (vom linken Ufer des Rio del Norte, im 30. Par., nach NO. bis an den Missouri, gleich über seiner Mündung in den Missisippi, durchbrochen vom rothen Flusse und dem Arkansas, der erste beider Namen gilt vom Rio del Norte bis zum rothen Flusse, der zweite von diesem bis zum Missouri). — 12) † Die schwarzen Hügel (von der Hauptscheide in der Gegend der Quellen des gelben Steinflusses und des Platte-Flusses N.N.O. bis an den Missouri). — 13) Landrücken der schwarzen Hügel (in der Scheide zwischen dem Missouri, Missisippi und oberen See einerseits, und dem Gebiete der Winnepeg-Seen andernseits). — 14) Wisconsaw- (l. Uisconsah)

Höhe (von der Südküste des oberen Sees gegen S. nach dem Missisippi). — 15) Alleghany-Gebirge (von beiden Seiten des Tennesee in der Gegend des Schneidepunktes des 35. Par. und 290. Merid. nach N.O. theils in theils neben der Nordamericanischen Querscheide und der Scheide zwischen Missisippi und dem Atlantischen Meere bis in die Gegend des Lorenz-Busens). Der südwestliche Theil des Gebirges, in der Ohio-Tennesee-Scheide, heißt Cumberland-Gebirge; der vorderste, der Küste am nächsten streichende Zug führt den Namen der Blauen Berge.

II. Hochländer.

1) Hochland von Tucuman, Peru, Quito und Cundinamarca (ein schmales langes Hochland, getragen vom Gebirgszuge der Anden, und meist in Osten und Westen von einzelnen Ketten desselben eingeschlossen, von der Gegend des 30. Par. bis in die Gegend des oberen Magdalenenstromes; Namen der Reihe nach nordwärts). Zum Hochlande von Peru (genannt la Sierra) gehört das Plateau des Titicaca-Sees (zwischen dem 15. und 20. Par.). — 2) Hochland des westlichen Nordamerica, nämlich: a) Hochland von Mexico (das ganze Hochland von der Landenge von Tehuantepec N.W. und zwischen dem Rio del Norte und der Küste des Busens von Californien), wovon der südlichste Theil das Plateau von Anahuac (um den Rio grande de Santiago, den Montecuanca und die Quellen der Zacatula und Naspa); b) Hochland von Neucalifornien (zwischen dem Colombia-Strome, dem Colorado, den Nordamericanischen See-Alpen und dem Gebirgszuge der Hauptscheide). — 3) Hochland des innern Brasiliens (bestehend aus dem ganzen mittlern Theile des Brasilischen Gebirges), dieses Hochland führt meist den Namen Campos, d. i. Felder. — 4) Plateau von Guyana (der ganze mittlere Theil des Guyana-Gebirges).

III. Berge.

1) Der Nevado (d. i. Schneeberg) von Sorata und der Nevado von Illimani (beide im östlichen Rande des Titicaca-Plateau, der erste nördlicher). — 2) Der Vulcan von Arequipa, der Pichu-Pichu (l. Pitschu-Pitschu), der Inchocajo (l. Intschocacho), der Sehama und Chipicani

(Gipfel im westlichen Rande des Titicaca=Plateau). — 3) Der Chimborazo (l. Tschimboraso), der Cotopaxi (l. Cotopachi), der Pichincha (l. Pitschintscha) und der Antisana (auf dem Plateau von Quito, gleich S. vom Aequator). — 4) Die Silla de Caracas (an der Nordküste Südamericas, gleich W. vom 310. Merid.). — 5) Der Itacolumi (zwischen den Quellen des Doce und des Francisco=Stromes). — 6) Vulcan von Guatimala (S. von der Quelle des Motagua. — 7) Sempualtepec (an den Quellen des Huasacualco). — 8) Sitlatepetl, Popocatepetl, Iztacihuatl (l. Istasihuatl) und Vulcan von Toluca (auf dem Plateau von Anahuac). — 9) Bighorn (an den Quellen des südlichen Armes des Platte=Fluß). — 10) Fairweather= (l. Färwether, d. i. Schönwetter) Berg und Elias=Berg (der erste S., der andere N. vom 60. Par. an der Westküste Nordamericas).

Moment 2.

Merke der Gebirge, Hochländer und Berge:

A. Namen.

I. Der Gebirge. — 1) Cordillera der Anden (Cordillera de los Andes). 2) Fortsetzung der Cordillere, mit der Sierra de Escomienda. 3) Sierra Madre. 4) Sierra de Carcay, S. de Acha, S. de Mogollo, S. de las Grullas und S. Verde. 5) Felsen=Gebirge. 6) Brasilisches Gebirge, nämlich: a) Serra do Mar; b) S. de Itambo; c) S. Branca; d) S. Chapada; e) S. Marcella, S. dos Cristãos, S. de Araras, S. de Tabatinga; f) S. Gurgea, S. de Piauhy, S. dos Irmãos und S. Vermelha; g) Montes Pyreneos; h) Cordilheira grande; i) Serra de Santa Marta; k) S. dos Parexis (Paricys, l. Parisys). 7) Nordöstlichster Zweig der Cordillera der Anden. 8) Sierra Nevada de Santa Marta. 9) Nordamericanische See=Alpen. 10) Schneegebirge und Spanische Berge, die letztern mit der Sierra obscura, Sierra del Sacramento u. s. w. 11) Sierra de Texas und Osark=Gebirge. 12) Schwarze Hügel. 13) Landrücken der schwarzen Hügel. 14) Wisconsaw=Höhe. 15) Allegany=Gebirge [Apalachen= (l. Apalatschen) Gebirge], mit dem Cumberland=Gebirge und den blauen Bergen.

II. Der Hochländer. — 1) Hochland von Tucuman mit dem Plateau des Titicaca=Sees. 2) Hochland des nord=

westlichen Nordamerica, nämlich: a) Hochland von Mexico mit dem Plateau von Anahuac; b) Hochland von Neu-Californien. 3) Hochland des innern Brasiliens. 4) Hochland van Guyana.

III. Berge. — 1) Nevado von Sorata und Nevado von Illimani. 2) Vulcan von Arequipa (Guayna Plitina), Pichu-Pichu, Inchocajo, Sehama (Sahuma) und Chipicani. 3) Chimborazo, Cotopaxi, Pichincha und Antisana. 4) Silla de Caracas. 5) Itacolumi. 6) Vulcan von Guatimala. 7) Sempualtepec. 8) Sitlaltepetl oder Vulcan von Orizaba, Popocatepetl und Iztacihuatl. 9) Bighorn. 10) Fairweather-Berg und Elias-Berg.

B. Lage.

Z. B. daß die Cordillera de los Andes in der Hauptwasserscheide zwischen Kap Froward und der Landenge von Panama liegt u. s. w. *).

*) Konstruire aus dem Gedächtniß.

Bemerkung 1. In der Anmerkung S. 1 ist schon gesagt worden, was man unter Tiefland versteht; und es ergiebt sich so von selbst, daß alles Land, welches nicht aus Höhen, Gebirgen oder Plateaux besteht, Tiefland seyn muß. Indessen versteht man unter Tiefland doch gewöhnlich nur niedrige Landstrecken von bedeutenderer Ausdehnung.

Dergleichen sind: 1) Tiefland von Africa oder die Wüste Sahara (begrenzt durch das Hochland von Africa, das Plateau der Berberei und das Plateau von Barca). — 2) Das Tiefland des Kaspischen Meeres mit seinen Umgebungen. — 3) Das Tiefland von Nordost-Europa mit dem Küstenlande der Ost- und Nordsee (im Osten vom Ural, im Westen durch das Skandinavische Gebirge, im Süden durch die höheren Gegenden oder Gebirge Mittel-Europas begrenzt). — 4) Die Po-Ebene (Lombardische Ebene), (begrenzt von den Alpen und Apeninen). — 5) Das Tiefland von Nordasien (Sibirien), (begrenzt vom Ural, von Hochasien und dem Jablonoi und Stanowoi Chrebet). — 6) Das Tiefland von Südamerica (auf der ganzen Ostseite der Cordillera der Andes vom äußersten Süden von Südamerica bis an das sich an dessen Nordküste hinziehende Küstengebirge und die Mündung des Orinoco, im Osten von dem Brasilischen und dem Guyanischen Gebirge begrenzt), wozu gehören: a) das Patagonische Tiefland (Südlich von Rio de la Plata); b) die Pampas (im unteren und mittleren Theile vom

Gebiete des Platastromes); c) die Ebene des Amazonenstromes; d) die Llanos (l. Ljanos), d. i. Ebenen (nämlich die Ebenen des Orinoco). (Zwischen den Pampas und der Ebene des Amazonenstromes liegen, in der südlichsten Südamericanischen Querscheibe, die höchsten Theile des Südamericanischen Tieflandes, die aber demungeachtet noch nicht so hoch sind, daß man diesen Namen nicht noch einigermaßen auf diese Gegend anwenden könnte). — 7) Das Tiefland des unteren Missisippi u. s. w., wie sich auf der Karte leicht von selbst ersehen läßt.

Bemerkung 2. Die von Höhen eingeschlossenen Räume kleinerer Ausdehnung sind Thäler oder Becken (Bassins), welche keineswegs immer Tiefland sein müssen, sondern oft zum Hochlande gehören können. Diejenigen Becken, welche von den Wasserscheiden eingeschlossen werden, sind Gewässerbecken; andere welche von Gebirgen oder Höhen eingeschlossen werden, die nicht Wasserscheiden sind, kann man Gebirgsbecken nennen. Von den ersten bedarf es keiner Beispiele, da jeder Hauptfluß, und im Einzelnen wieder jeder Nebenfluß, bis zum kleinsten sein Becken haben muß. Zu den Gebirgsbecken gehören z. B. der Böhmische Elbkessel (umschlossen vom Erzgebirge, Riesengebirge, Böhmerwald und dem Mährischen Gebirge; in seinem nördlichen Rande durchbrochen von der Elbe). — In America gehört hierher z. B. das Gebirgsbecken des Titicaca-Sees, welches zugleich Plateau ist.

Bemerkung 3. Es ist in allem Bisherigen hauptsächlich nur auf horizontale Ausbreitung der Theile der Erdoberfläche gesehen worden. Hierauf muß nun eine besondere Konstruktion der verschiedenen Theile des Erdbodens nach vertikaler Richtung folgen, die wir aber hier nicht ausführen, sondern für eine weitere Fortsetzung des konstructiven Unterrichts in der Geographie aufsparen. Als eine Art von Zugabe sollen indessen hier einige der merkwürdigsten Höhen der Erdoberfläche aufgeführt werden, deren Lage schon bestimmt worden ist, nämlich:

	Fuß üb. d. M.
Dawalagiri	26,300
Jawahir	24,100
Sorata	23,700
Illimani	22,700
Chimborazo . . .	20,100
Vulcan von Sehama . .	19,000
Cayambe	18,400
Antisana	18,000
Cotopaxi	17,700
Pichincha	17,600
Elbrus	17,000
Eliasberg	16,900

	Fuß üb. d. M.
Guayna Plitina . . .	16,600
Popocatepetl . . .	16,600
Sitlaltepetl . . .	16,300
Mouna Roa . . .	14,800
Montblanc . . .	14,400
Mont Rosa . . .	14,200
Kasbeck	14,000
Egmontsberg . . .	14,000
Schönwetterberg . . .	13,800
Finsteraarhorn . . .	13,200
Jungfrau . . .	13,000
Tukte Soliman . . .	12,800
Mont Iséran . . .	12,400
Pic von Teneriffa . .	12,000
Monte Viso . . .	12,000
Argäus	12,000
Groß Glockner . . .	11,700
Mont Cenis . . .	11,100
Mulhacen	11,000
Pic Nethou . . .	10,700
Maladetta . . .	10,700
Mont Perdu . . .	10,500
Aetna	10,500
Großer Bernhard . .	10,400
Terglou	9,400
Budos	9,000
Awatscha	9,000
Gran Sasso d'Italia . .	8,200
Lomnitzer Spitze . . .	8,100
Taygetus . . .	7,400
Peñalara	7,300
Snöhättan . . .	7,000
Sinai	7,000
Pawdinskoi Kamen . .	6,400
Mont Dor . . .	6,200
Adamsberg . . .	6,000
Sulitjelma . . .	5,800
Plomb de Cantal . .	5,800
Compaßberg . . .	5,500
Oeröfa Jökul . . .	5,500
Itacolumi . . .	5,400
Dole	5,200

		Fuß üb. d. M.
Chasseral	. . . . .	5,000
Riesenkoppe	. . . .	4,900
Hekla	. . . . .	4,800
Puy de Dome	. . . .	4,600
Feldberg (Schwarzwald)	.	4,600
Gran Ventroux	. .	4,300
Ben Newis	. . .	4,100
Ben Lawers	. . .	4,000
Brocken	. . . . .	3,600
Tafelberg	. . .	3,500
Snowdon	. . . . .	3,400
Schneeberg (Fichtelgebirge)	.	3,200
Schneekopf	. . .	3,200

Was die Höhe der Plateaux oder Hochländer betrifft, so muß dieselbe natürlich bei ausgedehnten Hochländern sehr verschieden sein, und kann selbst von kleinern nur ungefähr angegeben werden. Folgendes sind Beispiele;

Plateau des Titicaca-Sees		12,000
Plateau von Quito	. .	8,700
Plateau von Anahuac	.	7,000
Plateau von Mongolei	6 bis	8,000
Plateau vos Armenien	.	7,000
Plateau von Iran	. .	4,000
Plateau von Barca	. .	1,500

Druckfehler.

Seite 8 Zeile 14 v. u. statt Marol lies Mazol
— 9 — 14 v. u. desgl.
— 29 — 16 v. u. statt Mahamuddy l. Mahanuddy
— 32 — 17 v. o. desgl.
— 67 — 17 v. o. statt W. l. O.
— 68 — 8 v. u. statt dessen l. deren
— 70 — 5 v. u. statt Fana l. Jana
— 77 — 19 v. o. statt d) Aar; l. d) Ill; e) Aar.
— 3, 7, 11, 12, 27, 28, 31 ist Kreuzbusen oder Kreuzflußmündung soviel als Alt-Calabar

Inhalt.

FSC
www.fsc.org
MIX
Papier | Fördert gute Waldnutzung
FSC® C083411

Kolibri 360 GmbH
Ferdinand-Jühlke-Straße 7
99095 Erfurt, Deutschland
produktsicherheit@kolibri360.de